REFLECTION

{不重要}

The Doors of Perception

& Heaven and Hell

Aldous Huxley

知觉之门

[英] 阿道司·赫胥黎 | 著
庄蝶庵 | 译

北京时代华文书局

Aldous Huxley

The Doors of Perception

据伦敦 Chatto & Windus，1954 译出

Aldous Huxley

阿道司·赫胥黎

目　录

Contents

知觉之门

The Doors of Perception

1886年，德国药物学家路易斯·莱温[①]第一次对仙人掌进行了系统研究，研究著作出版之后，莱温仙人球[②]因他得名，这也是此物首次成为科学研究对象。

然而对于墨西哥和西南美洲的印第安民众而言，在他们的原始宗教中，此物起源极早，使用甚久，仿佛是祖先的旧友。其实，旧友这个词，尚不足以形容它与美洲先民的关系。在较早拜访新大陆的一位西班牙人笔下，曾有这么一句话："他们吃一种根茎，称之为佩奥特掌，且敬之如神灵。"美洲先民敬此物如神，原因何在？当那些杰出的心理学家如杨施[③]、哈维洛克·艾利斯[④]、威

① 路易斯·莱温（Louis Lewin，1850—1929），德国药物学家、毒素学家、作家。

② 原文为*Anhalonium lewinii*，莱温的姓氏嵌在里面，现通称为威廉斯仙人球（*Lophophora williamsii*），为佩奥特掌（Peyote）的一种，原产于北美，无刺，质柔软，通常为蓝绿色，有致幻作用。

③ 埃里克·杨施（Erich Rudolf Jaensch，1883—1940），德国生理心理学家。

④ 哈维洛克·艾利斯（Havelock Ellis，1859—1939），英国著名心理学家、性学家、作家。

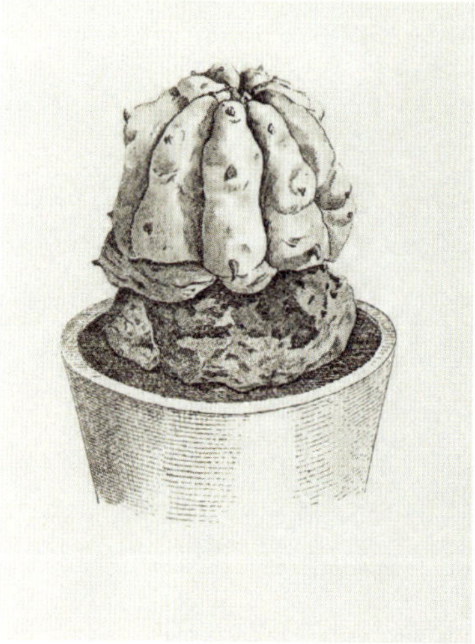

莱温仙人球

“艳丽”的佩奥特掌

尔·米切尔[1]开始研究麦司卡林——佩奥特掌的活性成分时，一切开始大白于天下。不错，一旦触及到此物偶像崇拜的意义，这些专家难免踌躇不定，不过他们也无不确信，麦司卡林在所有药物中具有独一无二的特性：只要施以合适的剂量，此物能超越其他一切药物，深刻地改变人的意识清醒程度；与此同时，此物还比医师药房中其他类似的药物毒性更小。

自从莱温和艾利斯等人开始研究麦司卡林以来，后人也在断断续续地进行着零星的研究。化学家们不仅提取出了麦司卡林，他们还得到了合成这种植物碱的方法，如此一来，麦司卡林的产量不再取决于沙漠中的仙人掌，毕竟仙人掌的产量很少，且不稳定。而精神病学家们则服用起麦司卡林来，希望由此可以对病人的心理变化有更直接的、更清晰的了解。至于心理学家，很不幸，他们

① 威尔·米切尔（Weir Mitchell, 1829—1914），美国精神病学医生、作家。

的研究对象实在太少，而且实验环境太过局限，但他们却发现了麦司卡林更加惊人的一些药效，并将之记录在案。神经学家和生理学家则发现，似乎有某种机制，能使此物对人的中枢神经系统起作用。此外，至少有一名职业哲学家视其为一道光，或许可以照亮古代某些未解之谜，比如精神在自然界的地位，大脑与意识的关系。

所有的研究至此便再无进展，直到两三年前①，有人发现麦司卡林有一种现象，这一现象或许有极重大的价值。其实，过去数十年来，这一现象就在研究者的眼皮子底下，然而竟无一人观察到它，直到英国一位年轻的精神病学家（他目前在加拿大工作）发现，麦司卡林和肾上腺素在化学成分上极其相

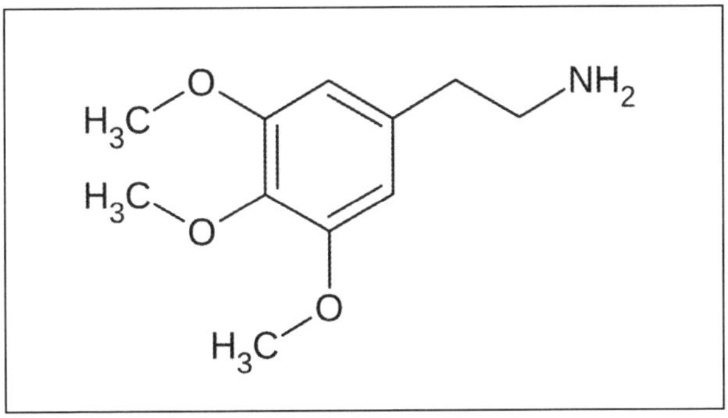

麦司卡林的分子结构

① 本书最初出版于1953年，此处指1953年的两三年前。

似。他被自己的发现震撼了。更进一步的研究显示，麦角酸（从麦角中提取，具有极强的迷幻作用）与上述两种物质更是有结构上的生物—化学关系。接着又发现，肾上腺素红（从肾上腺素分解出的物质）能使人产生许多临床症状，这些症状与从迷醉于麦司卡林的人身上观测到的几乎相同。但是，肾上腺素红或许会自发地在人类体内产生，也就是说，也许我们每个人都能自发地产生微量的、具有化学作用的肾上腺素红，而这一物质能深刻地改变人的意识状态，这一点已广为人知。它对人的意识产生的某些变化，与精神分裂症（20 世纪最具代表性的一场灾祸）的一些临床症状相似。如此说来，精神错乱会不会是由于体内化学作用紊乱引起的呢？或者反过来说，人类体内化学作用的紊乱，是否亦源于人类的精神苦闷作用于肾上腺呢？现在就急于下结论，尚显得不够成熟。我们最多只能说，世人已经发现了某个案件，表面上证据已然确凿。与此同时，“猎犬们”（生物化学家、精神病学家、心理学家）则嗅到了这条线索，有条不紊地跟踪前进。

至于我，在 1953 年的春天，因为种种机缘，竟发现自己恰恰站在这条线索的路上。当时，一条“猎犬”正在美国加州忙些事务，虽然学界对麦司卡林的研究已有 70 年，但这位专家手上掌握的关于此物的心理学资料既稀少又很荒谬，他渴望多获得一些资料。至于身在现场的我，其实也很情愿，甚至很渴望成为一只豚鼠。于是，在一个明亮的早晨，时值五月，我饮下半杯溶解了0.4克麦司卡林的水，坐下来，静待反应的到来。

人类聚居一处，共同行动，互相回应——然而其实我们永远都是孤独一人。受难者们虽然手挽着手登上历史的舞台，但当他们被钉上十字架的时候，却总是孤独一人。情侣们拥抱，热烈期望将彼此单独的狂喜融合在一起，超越自我，成为一体——但这也是白费。任何有精神的肉体，注定要独自忍受痛苦、独自畅享欢乐，这是人之本性。除非经过符号化的过程而间接地被他人感知，否则知觉、情感、洞察、幻想，凡此之类，都属私密，不能被传达到外界。他人经验的相关信息，我们可以共享，但他人的经验本身，我们是永远没有办法体会的。小至家庭，大至国家，任何人类组织，无非是一个个岛宇宙[①]的社会。

因为绝大多数岛宇宙都非常相似，所以，人们得以用推理的方式彼此加以认知，产生相互间的同情。如此一来，因为对自己的丧亲之痛或蒙羞受辱之情难以忘怀，我们就能安慰处于类似情境之下的他人，甚至“感同身受”——当然，这种感受永远带有一点点匹克威克式[②]的色彩。然而在某些境况下，不同“宇宙”之

---

① 岛宇宙（Island Universe），一种天文学假说，该假说认为在宇宙的尺度上，任何一个星系都像是宇宙中的一座小岛。

② 匹克威克式，对狄更斯小说《匹克威克外传》中主人公匹克威克特点的概况，一般指人性格的善意诙谐、宽厚憨直。

间的通信是不完整的，甚至是不存在的。每个心灵自有其地盘。疯狂之人、天赋异禀之辈的地盘，与普通男女的地盘，区别如此之大，使得两者之间只有很少的（或者说完全没有）共同记忆，因此，彼此之间便没有相互理解和同情的基础。词语可以脱口而出，但却无法打动他人，因为符号指涉的事物，原本归属于互相排斥的经验领域。

借鉴别人看我们的角度来审视自己，这是极佳的天赋；借鉴他人审视自身的角度来看他人，也是同样重要的能力。但是，假如他人归属于一个不同的族类，且居住于一个完全异质的宇宙，那该怎么办？举例来说，一个正常人如何能真正感受疯狂的滋味？或者说，如果不是生而为幻想家、灵媒或音乐天才，我们又如何能拜访布莱克、斯威登堡[①]和巴赫栖息其中的世界呢？再说了，一个极度外胚层型体质、大脑紧张的人，是绝不会设身处地为一个极度内胚层型体质、内脏强健的人着想的；或者，除非在某些特别情况下，否则他不可能与中胚层体型、体力旺盛

威廉·布莱克
（William Blake）

① 伊曼纽·斯威登堡（Emanuel Swedenborg，1688—1772），瑞典科学家、哲学家、基督教神秘主义者和神学家。

型的人分享情感体验[1]。我猜，对于那些教条的行为学家们来说，此类问题是毫无意义的。但是，一些人无论在实践上还是理论上都相信，人的内在世界正如外部世界，一样可以被人体验——这是确凿无疑的，对于他们来说，我所提出的问题乃是真正的问题。这类问题因“存在”的困境而更加难解，其中一些完全不能化解，其中一些只能在特殊条件之下才能化解（所用的办法也非所有人都能使用）。如此一来，似乎基本上可以确定，我将永远无法知道成为福斯塔夫爵士[2]或乔·路易斯[3]将是何种感觉。然而，从另一个角度而言，我似乎总是相信，通过催眠或自我催眠（借助冥想或服用相应的药剂），我可以扭转常

伊曼纽·斯威登堡
（Emanuel Swedenborg）

① 内胚层型（Endomorph）：此类人消化器官发育较好，因此体型丰满，喜欢安逸舒适、与人交流，并容易相处，因此也被称为“内脏强健型”（Viscerotonia）。中胚层型（Mesomorphic）：此类人体型健壮、肌肉发达，对疼痛的反应迟钝，同时具有侵犯性，往往在交流中粗鲁无礼，这种人也被称为“体力旺盛型”（Somatotonia）。外胚层型（Ectomorphic）：此类人神经系统较为发达，但身体瘦弱，也被称为“大脑紧张型”（Cerebrotonia）。

② 福斯塔夫爵士（Sir John Falstaff），莎士比亚历史剧《亨利四世》中的人物，是莎士比亚笔下最出名的喜剧人物之一。

③ 乔·路易斯（Joe Louis，1914—1981），美国拳击运动员，被认为是历史上最杰出的重量级拳击运动员之一，也是第一位获得国际声誉的黑人运动员，绰号“棕色轰炸机（The Brown Bomber）”。

A.E.，即乔治・威廉姆・拉塞尔
（George William Russell）

规的意识模式，从而有可能于内在世界中知晓那些幻想家、灵媒，甚至神秘主义者们究竟所说所想的是何事。

我曾阅读过他人服用麦司卡林后写下的体验，我早就深信，此药物或许能使我进入布莱克和A.E.①所描绘的那种内在世界——哪怕只有几个小时的时间。然而，我的期盼未能实现。原本我指望闭着眼睛躺下之后，就能看见那些多姿多彩的几何体、装饰着丰富宝石的活泼泼的建筑，还能看见可爱到令人难以置信的英雄人物们活跃其中的风景，或看见那些象征主义的诗剧——演员们在终极启示的边缘永恒地战栗。但是很明显，我并未预料到本人精神结构的特质、性情、教育、习惯会对药效产生何种影响。其实，自记事以来，我就一直是个糟糕的想象者。词语——甚至是诗人们意蕴丰富的词语——无法在我意识中唤起画面感。在临睡时分，也不会有睡前幻象来光顾我。当我回顾，记忆呈现出的并非生动的事物的形象。不过，倘若做出努力，我倒是能唤起某种并非那么生动的画面，比如昨天下午发生的事情；或天主圣三桥被毁之前，从朗伽诺屋顶花园

① A.E.，乔治・威廉姆・拉塞尔（George William Russell, 1867—1935）的笔名，此人是爱尔兰批评家、诗人、画家、神秘主义作家、编辑，也是一名爱尔兰民族主义者。

《孩子们在岸上跳舞》
A.E. - *Children Dancing on the Strand*

望去的模样[①]；或早期的贝斯沃特街[②]——当时唯一的巴士是绿色的，小而又小，且都是由苍老的马匹牵引，一个小时不过走上三英里半。但是，这些画面很少有实质内容，而且几乎毫无内在生命力，它们之于真实可见的物体，正如荷马史诗中的鬼魂之于血肉之躯面前——生者只能在阴影中拜会亡灵。只有当我精神高涨，我的心理图像才焕发出独立的生命；但与那些幻想能力强大的人相比，我的内在世界看起来一定是单调、局限、无聊到令人觉得怪异。我原本指望这样的内在世界（虽然可怜，但毕竟隶属鄙人）

① 位于意大利佛罗伦萨。
② 位于英国伦敦。

能转变，变成完全不同的样子。

然而，在我的内在世界里发生的一切，却绝非是颠覆性的。服用麦司卡林半小时后，我逐渐意识到一束束金色的光在缓慢地舞蹈。过一会儿，那些明亮的能量节点开始膨胀、扩张，显出一块块奢艳的红色表面，震动着、不停变化着，显出种种图案，如有生命一般。当我闭上眼睛，意识中又浮现出某种复杂的灰色结构，其中苍白而带蓝点的球体不断涌现、凝固，然而一旦现形，这些球体便无声地倾斜而上，直至没入视线之外。但我一次都没有看到有人或动物的面孔和躯体，也未见风景、庞大的空间，或神奇扩张、变形的楼群，凡是戏剧和寓言中发生的那一切，丝毫没有出现。麦司卡林容许我进入的世界，并非幻象的世界，这世界就在当下，我睁开眼就能看到它。

巨大的变化其实发生在客观的领域，相对而言，发生在我本人主观世界里的一切，就一点儿都不重要了。

11 点钟的时候，我又一次服药。一个半小时后，我醒来，坐在书房里，心无旁骛地看着一支很小的玻璃花瓶。那花瓶中仅仅插了三朵花。其中一朵，是盛开的玫瑰花，浅粉色，每一片花瓣的底部，都点染着一种热烈的、火焰一般的色彩；还有一朵硕大的洋红色与奶油色混合在一处的康乃馨；另外一朵是鸢尾花，已断折的茎秆的底部泛着淡紫色的光，而花，则勇敢地亮出自己纹章一般的花容。偶然地、暂时地，这一小束花打破了传统花道一切的品位与规矩。这束花的色彩虽冲突，然而却显出一片生机盎然，当日在早餐时，我就曾深受打动——但这并非重点。其实，此刻我所见的并非意外打破规矩的花束，而是上帝初创亚当的那个清晨亚当所见的一切：每时每刻，存在皆裸露，奇迹皆涌现。

"还好吗？"有人问。（在做这次实验时，所有的对话都被一台录音机记录，因此我才有可能对当时的对话做清晰的回忆。）

"既非好，也非坏，"我回答，"它只是那个样子。"

埃克哈特·冯·霍海姆
（Eckhart von Hochheim）

*Istigkeit*①，这不正是埃克哈特大师②喜欢用的词吗？这就是"本然"呀！柏拉图哲学中亦有"存在"的概念，只是，柏拉图似乎犯了一个巨大的、奇怪的错误，竟将"存在"与变化剥离，并以数学般抽象的"理念"③来标志"存在"。可怜

---

① 德语，神学词汇，此处翻译为"本然"，以区别于传统哲学概念中的"存在"。

② 埃克哈特·冯·霍海姆（Eckhart von Hochheim，约1260—约1328），通称为埃克哈特大师，中世纪德国神学家、哲学家、神秘主义者。

③ "理念"是柏拉图哲学的核心概念。柏拉图认为，世界由"理念世界"和"现象世界"所组成。理念的世界是真实的存在，永恒不变，而人类感官所接触到的这个现实的世界，只不过是理念世界微弱的影子，它由现象所组成，而每种现象因时空等因素而表现出暂时的变动等特征。

的柏拉图啊，他将永不能看见一束花因其内在的光芒而闪亮，并因其被赋予的意义之重负而近乎战栗；他也将永不能感悟到玫瑰、鸢尾花、康乃馨如此强烈地指向的——不多不少——恰恰是其“本然”，那是一段暂时却又永恒的生命，一场永恒的死亡同时却意味着纯粹的永恒；一束花，微末至极，却又独一无二，在其独特的生命中，因为一些难以言喻却不言自明的悖论，它将被等同于万物存在的神圣本源。

我继续凝望那花束，在其生命的荣光中，我似乎发现它在呼吸，但这呼吸既不收敛，亦无间歇，而只是不停地流淌——从一种美丽流向更强烈的美丽，从一种奥义流向更深刻的奥义。我想到了“优雅”“显圣”这样的词，当然，这样的词确实能代表这束花。我的目光经过玫瑰、康乃馨，又从那柔如羽毛、炽如火焰的康乃馨转至鸢尾花——它那光滑的、褶皱的花朵，宛如紫水晶，富有知觉。真福直观①、萨特－齐特－阿南达②！这是我人生中第一次，不是从字面意义，不是作为初学者受他人的暗示，也不是隔着相当远的距离，而是恰如其分、完全清晰地领悟到这些奇妙的音节指涉的一切。我突然想起曾读过铃木大拙③一篇散文中的某

① 真福直观，指圣徒灵魂在天堂对上帝的直接认知。

② *Sat-Chit-Ananda*，三个梵文字，意指存在、意识、欣喜（或狂喜）。

③ 铃木大拙（Daisetz Teitaro Suzuki，1870—1966），世界禅学权威，日本著名禅宗研究者与思想家，用英文写作了大量有关禅宗的著作，在西方思想界引起强烈反响。

1934 年，铃木大拙（右）与胡适在华合影

个段落，在一座禅宗的修道院里，一位热忱然而困惑的学徒问道：“佛祖之达摩法身为何？”（所谓达摩法身，即是指心、“真如”[①]、“空”、神性。）而大师则以马克斯兄弟[②]般插科打诨的技巧，敏捷地回答说：“花园最下的篱笆。”学徒再次疑惑地问道：“请问，知晓这真理者，究竟是何等人？”格劳乔给这学徒肩膀上来了一拐杖，然后回答说：“金毛狮王。”

当时我读到此段，认为似乎有意义，但又含糊不清，等于废话；然而现在，这段话的意义却湛若白日，像欧几里得的几何一样明白晓畅。毫无疑问，“达摩法身，即是花园最下的篱笆。”与此同时，同样显明的是，达摩法身，亦即是我所见的花束，或我（更准确地说，应该是那瞬间挣脱令人窒息的缠绕时的“非我”）倾心所见的任何事物。比如，那些贴着我书房墙壁而立的书籍，

① 原文为*Suchness*，此处借用佛教概念，译为真如。丁福保所编的《佛学大词典》中提到：“真者真实之义，如者如常之义，诸法之体性离虚妄而真实，故云真，常住而不变不改，故云如。唯识论二曰：‘真谓真实，显非虚妄。如谓如常，表无变易。谓此真实于一切法，常如其性，故曰真如。’”

② 马克斯五兄弟（Marx Brothers），美国喜剧电影艺术家，其中最出名的是三个年长的兄弟，分别为：契科·马克斯（Chico Marx，1887—1961）、哈波·马克斯（Harpo Marx，1888—1964）和格劳乔·马克斯（Groucho Marx，1890—1977）。

它们也像花朵一样，当我凝望它们时，它们因其更加明亮的色彩、更加高深的意义而变得光彩夺目。红色的书籍，譬如红宝石；绿色的书籍，好比绿宝石；有些书籍被白玉所环抱；有些书籍变成玛瑙、海蓝宝石、黄玉；还有那些天青石一般的书籍，其色彩如此深邃，内含意义如此广阔，以至于书籍本身似乎将要飞离书架，更紧密地吸引我的注意力。

“你觉得空间关系有无变化？”见我盯着图书看，实验者问道。

这个问题很难回答。不错，我的视角看起来相当怪异，房间墙壁的角度似乎也不正。然而，这些现象并非真的重要。真正重要的是，空间关系已然不再有多大的影响力，我的心智在感知世界时，已超越空间关系的维度。若在日常生活中，视力所及，会使人聚焦于如下的问题，比如：哪里？多远？彼此位置如何？而置身于麦司卡林的经验之下，视力所见，因而使人念及的问题，则在另一种维度：位置、距离不再使人感兴趣，心智从存在的强度、意义的深度（这是一种新模式之下万物的联系）来关照此世界。我是看着那些书籍，但并不关心它们在空间中的位置。我所关注的，且给予我的心智强烈印象的，乃是它们因生命之光闪耀而光彩夺目，而其中一些图书的荣光更要胜过其他一些图书。在此情境，三维观就无意义了。当然，这并非是要取消空间的范畴，毕竟，当我起身、踱步，我的动作是正常的，并未对物体的位置产生误判——空间仍然存在。只不过，在新的情境下，空间失去了它曾有的绝对优势，从此，心智主要考虑的不再是尺度、位置，而是存在、意义。

我既然不在意空间，随之便更加彻底地忽略掉了时间。

当实验者询问我对时间的感受时，我唯一能回答的只是："时间似乎很充沛。"

时间确实充沛，然而要给它一个精确的度量，却完全无关紧要了。自然，我可以望着我的手表，但我清楚，手表其实运行在另一个宇宙。我的真实体验从刚才到现在，仍处于无限绵延之中，或者说处于一种永恒当下之中——这永恒的现在是一种绵延不断、变化不停的天启般的世界。

实验者引导我的目光从书籍转移到家具上。屋子正中央，有一台小型的打字桌，从我的角度看上去，在这桌子前边有一把藤椅，而在藤椅前面，还有一台办公桌。这三件家具构建了一种复杂的图形：横轴、纵轴、对角线皆具备，然而更有意思的是，我不再用空间关系来解释这个图形。小桌子、椅子、办公桌统合在一处，就像某件巴洛克艺术品或胡安·格里斯[①]的作品，它是一件静物，它与客观世界的关系可以辨认，但却不呈现任何深度，用

① 胡安·格里斯（Juan Gris，1887—1927），西班牙画家，雕塑家。格里斯的绘画是立体主义的空间与文艺复兴的空间完美的结合。他与毕加索、勃拉克同为立体主义风格运动的三大支柱。

胡安·格里斯（Juan Gris）的肖像画，1915

照相写实主义的手段无法尝试呈现它的存在。不错，我是在看着家具，但却不是作为一个坐在椅子上或在桌子上写字、打字的实用主义者，也并非作为一个拍照者或科学研究记录员，而是作为一个纯粹的唯美主义者，这个唯美主义者唯一关心的只是形式本身，或视觉领域中不同形式之间的关系，或者是图像空间。但是当我看得更投入，这种纯粹的唯美主义者、立体主义派的视角便消失了，取而代之的视角，我只能形容为圣礼般的现实观。我重又回到方才凝望花束时的状态，回到那个一切事物皆因其内在的光芒而闪耀，且含有无限之意义的世界。举个例子，那把椅子的腿，其管状结构何其神妙，其锃亮与光滑又何等神奇！我花了好几分钟（也许是花费了几个世纪的时间？），不仅是在凝望那些竹子做成的椅子腿，其实我已然成为了它们——更精确地说，我是融入了它们的生命之中；或者再精确一些（因为“我”并未置身此情境中，在某种意义上，它们亦不在此情境中），是我的“非我”进入了椅子的“非我”之中。

反思自身经历，我发现自己认同剑桥杰出的哲学家C.D.布罗德博士[①]的话：“我们本应更好地、更严肃地对待柏格森[②]有关记忆

① 查理·丹巴·布罗德（Charlie Dunbar Broad，1887—1971），通常被称为C.D.布罗德，英国知识学家、哲学史家、科学哲学家、道德哲学家。

② 亨利·柏格森（Henri Bergson，1859—1941），法国哲学家，代表著作有《创造进化论》《直觉意识的研究》《物质与记忆》，曾获得过诺贝尔文学奖。

胡安·格里斯《瓶子和果盘》
Juan Gris - *Flasche und Obstschale*

亨利·柏格森
（Henri Bergson）

和感觉的理论。他提出，大脑、神经系统和感觉器官的基本功能是删除信息，而非生产信息。任何一个人在任一时刻都能记住所有发生在他自己身上的事，且能感知到宇宙中所有地方发生的一切，而大脑和神经系统的功能就在于，保护人类免于被海量的、绝大多数是毫无意义的知识所冲击而陷入困惑，于是，它们将人类在任一时刻绝大部分本来可以感知的信息拒之门外，而只留下那些极少的、因为可能有实际的用途而精挑细选的信息。”照这一理论，人类个体都是潜在的“心智自由”[①]者。可惜人类既为动物，其使命便是不惜任何代价求得生命延续，为了使生物意义上的生命延续成为可能，“自由心智”不得不经过大脑和神经系统的减压阀节流，如经漏斗，最终从另一端出来的，只是可怜的涓滴般的知觉——仅供帮助人类于这个特定的星球上苟延生命。面对这些狭隘的知识，人类为了规范和表达的需要，还发明了一套符号系统和意义哲学，将其命名为语言，并不断地对语言进行阐释。任何人，在其出生的语言传统中，都会同时成为这传统的受益者和受害者。称其为语言传统的受益者，是因为语言给了他汲取其

---

① 心智自由，或自由心智，原文为Mind at Large，是阿道司·赫胥黎在本书中提出的一个重要概念，指的是人的心智朝向整体宇宙的完全开放，整体宇宙的全部信息也完全被人吸纳，从而达到中国古人所言的“天人合一”的知识结构。所以此概念既指完美化的人格（天人合一中的“人”），也同时指宇宙的总体知识（天人合一中的“天”）。本书中如无特别说明，“心智自由”一般针对完美化的人格而言，“自由心智”一般针对宇宙的总体知识而言。

他人经验的途径；称其为语言传统的受害者，是因为语言迫使他确信，这狭隘的知识是唯一的知识，然而它却折磨着他的现实感，于是，他太过于天然地将概念等同于实际“数据”[①]，将符号化的词语等同于真实的事物。如果借用宗教语言，则这狭隘的知识所构筑的宇宙，便是所谓的“此世”。“此世”由语言予以表达，也可以说，“此世”因语言而陷入沉默与僵化。至于那丰富多彩的“他世界”（人类不定期地与之接触），其实是源自总体知识的众多分支，它们隶属于“心智自由”的世界。绝大部分人，在绝大部分时间里，只知道经过那减压阀之后流出的涓滴知识，再经过语言的渲染，这狭隘的知识竟被当作真实神圣之物给供奉起来了。然而，总有某些人，似乎与生俱来就有一种绕过这减压阀的本事；还有其他一些人，他们也能暂时性地绕过这减压阀，或者是偶然性的，或者是经过了认真的“精神修炼”，或者是依靠催眠或服用药物。并不是说这些恒久的或临时性的绕行者心中流淌的便是对“宇宙中所有地方发生的一切”的感知，因为绕行并没有取消减压

① 原文为data，其实标准的用法应该为datum，在后文中多次出现。这一概念的提出者是英国哲学家阿弗烈·怀海德（Alfred Whitehead，1861—1947）。自柏拉图、亚里士多德以来有一种哲学理念认为，变化是偶然的，实体是本质的，变化不会对实体产生质的影响；后人反驳这一理念，提出了过程哲学的概念，认为变化是现实的基础，代表的哲学家是尼采、海德格尔和怀特海等人。怀特海在他的哲学论述中，提出了“数据”（datum）这一概念。他认为，实体在发展、增殖的过程中，实体的信息也始终在变化，所有处于变化之中的实体信息，被称为“数据”。

阈——它仍然排斥着“心智自由”那完整的世界，而是说这些绕行者感知到了某些事物，它们高于——当然，首先是区别于——那些因有实际的用途而被精挑细选出来的事物，而后者正是被人类那狭隘的、个体化的心智视为完整的、或至少是充分的现实图景。

大脑中有许多的酶系统，用于协调大脑内部的运转。其中一些酶用于调节输入脑细胞的葡萄糖含量，麦司卡林的作用是抑制这些酶的产生，因此降低了大脑这一对糖分有稳定需求的器官所能获取的葡萄糖含量。当麦司卡林降低了大脑内正常的糖含量，将会发生什么？人们只观察到过极少数的相关案例，因此对此问题尚无透彻的答案。但是，少数在监控下服用麦司卡林的案例中，绝大多数人身心上的变化可以做如下概括：

其一，回忆和“清晰思考”的能力如果说有所降低的话，也只是非常微小。（当我回过头来听自己在药效作用期间的谈话录音时，我并未发现自己比平时更笨拙。）

其二，视觉印象极大增强，眼睛部分恢复到童年那永恒单纯的状态：此时感官材料并非直接地、自动地受制于概念。

其三，对空间的兴趣减退，对时间的兴趣几乎归零。虽然智力并未受损，而且感知力得到巨大的提升，但服药者的意志力却发生了深刻的改变，而且是每况愈下。服药者没有动力做任何事，对于那些通常情况下他可能因之要采取行动或准备承受的事情，此时却发现对其中绝大多数都毫无兴趣，甚至无法忍受。服药者给出的理由倒是很棒，说如今他要思考更美好的事物。

其四，这些更美好的事物，体验者（我也是其中一员）会指出“在那里”或“在这里”，也可能是同时或连续地存在于内在世界和外部世界。所有麦司卡林的服药者，只要他们当时肝脏健全、心智正常，那么他们似乎自然而然会感知到那些更美好的事物。

上述这些药效都在人的意料之中，因为服用任何一种可以削弱大脑减压阀功能的药物，都有此种结果。当大脑缺少糖分，营养不足的“自我”[①]变得虚弱，不再能应付必须面对的琐事，对时空关系亦失去所有兴趣，而时空关系对醉心于在世界上追求发展的人类来说是意义重大的。当“自由心智”开始渗透，越过先前那无懈可击的减压阀，则所有生物学意义上的无用的现象便开始显现。在某些案例中，人会出现超感官知觉；还有人会发现在视觉上美到无与伦比的世界；对另外一些人，裸露的存在和非概念化的既定之物的荣光、无穷的价值与意义，亦向其敞露。“自我”终至泯灭，最后出现一种“混沌知识”：万物相容、万有即一。我

① 此处用的是弗洛伊德的理论，弗洛伊德认为人格由本我（*id*）、自我（*ego*）和超我（*superego*）构成。

认为，这是一种有限的心智，是最接近于“感知宇宙中所有地方发生的一切”的状态。

由此而论，身处麦司卡林的药效之中，人对色彩的感知会提升，这对科学研究有意义。针对某些动物，从生物学的角度上讲，它们能辨别特定的色调，这是非常重要的；然而，剔除掉这些实用主义的光谱，绝大部分生物则完全是色盲。以蜜蜂为例，它们一生的绝大部分时间都在“采撷春之处女的贞操”，然而根据冯·弗里希[①]的研究，蜜蜂仅能辨识有限的几种色彩。至于人类的色彩感知能力，则是高度发达的，作为一个智慧体和灵智物，这能力虽具有难以估量的珍贵价值，但从生物学的角度言，其实都是浪费，因为它对人类作为动物的生存来说是多余的。想想看，荷马在他的史诗中，通过那些特洛伊英雄人物之口，只吐出了有限的色彩形容词，英雄们辨别色彩的能力几乎并不比蜜蜂高明到哪里去。如果从这个角度而言，那么人类的进步实在是惊人。

麦司卡林使人对所有色彩的辨别度达到了更高的级别，使鉴赏者能够清晰区别出无数种色差，若在平日，对这些色差，他完全是眼盲的。对“心智自由”者而言，这时似乎所谓的次要事物

---

① 卡尔·冯·弗里希（Karl Von Frisch，1886—1982），奥地利生态学家，1973年获诺贝尔生理学或医学奖。

约翰·洛克
（John Locke）

转而成为了主要事物。这与洛克[①]是不一样的，“心智自由”者认为色彩要比群众、位置、纬度重要得多，更值得人类关注。与麦司卡林服食者一样，许多神秘主义者亦曾窥见过超自然的明亮色彩，他们不仅是以心眼见识，而且甚至可以在身边的客观世界中直接看见。这在巫师和超级敏感的人中也有相似的报告。还有一些灵媒，他们可以在很长一段时间内，每天、每小时都能感知那些麦司卡林服食者短暂的、神秘的经验。

对理论的探讨已经说了很多——虽然这是必不可少的，现在我们可以回头来再讨论一些神奇的现象：就是房间中央那四条竹制的椅子腿。如华兹华斯笔下的水仙花一般[②]，它们提供了种种财富：使人获得直接洞见万物本质的无价天赋，同时使人对各领域

---

① 约翰·洛克（John Locke，1632—1704），英国哲学家，英国经验主义（British Empiricism）的代表人物，洛克的思想对于后代政治哲学的发展产生了巨大影响，并且被广泛视为启蒙时代最具影响力的思想家和自由主义者。

② 威廉·华兹华斯（William Wordsworth，1770—1850），英国浪漫主义诗人，《咏水仙》是他的一首代表作。

尤其是艺术有相当的领悟力（虽然这是一种低调得多的财富）。

玫瑰是玫瑰，确乎是玫瑰，而并非其他。然而这几条椅子腿，既是椅子腿，亦是圣米迦勒[①]，亦是所有的天使。

威廉·华兹华斯
（William Wordsworth）

服药四五个小时之后，当大脑中的糖分短缺造成的诸种影响逐渐衰退，有人带我去逛了逛这座城市，包括沿着落日的方向走进了一家药房，该药房谦逊地自称为全世界最大。在药房后面，摆放着许多玩具、贺卡和连环画，令人惊叹的是，在这些东西中间立着一排艺术类图书。我随手拿起靠近手边的一本，是研究凡·高的，打开第一页，是一幅名为“椅子”的画，那是对自在之物的惊人描绘，而这位疯狂的画家，心中交织着崇拜和恐惧，竭尽全力想把自己所见的一切腾挪到画布之上。然而，这一任务太过艰巨，甚至被誉为天才的人，其能力亦完全不够。很明显，凡·高所见的椅子，本质上就是我

凡·高（Vincent van Gogh）的自画像

① 圣米迦勒（St. Michael），犹太教、天主教和伊斯兰教信仰中的大天使长。

凡·高《文森特的椅子》
Vincent van Gogh - *Vincent's Chair*

曾见到的那把椅子。但是，虽然凡·高画中的椅子比人们日常所见的普通椅子要真实得多，然而，它仍然不过是对“真如”之物的符号性表达，虽然具有无与伦比的表现力，但终究不过是符号。人类对事物本质的真实认知，就来源于此类符号；而真实的认知或许能帮助心智直接洞见事物本质——如其本来所是。但也只是如此罢了，因为不论如何富有表现力，符号永远不能等同于那被描绘之物。

圣十字约翰
（St. John of the Cross）

就此而言，探讨一下“真如”的伟大悟道者们对什么样的艺术品有何等态度，或许会很有趣。埃克哈特欣赏什么样的画作？在圣十字约翰[①]、白隐慧鹤[②]、六祖慧能、威廉·劳[③]的宗教经历中，雕塑、绘画起到过什么作用吗？这些问题我没有能力回答，但我非常怀疑，“真如”的绝大多数伟大悟道者们对艺术甚少关心，其中一些根本就不与艺术发生联系，其他一些也不过以挑剔的眼光视艺术为次等，甚或是末流的玩意儿。（对于心智自由者

① 圣十字约翰（St. John of the Cross，1542—1591），反宗教改革的重要人物，西班牙神秘主义者，罗马天主教圣徒。

② 白隐慧鹤（Hakuin Ekaku，1686—1768），日本禅宗的代表人物。

③ 威廉·劳（William Law，1686—1761），英国神秘主义作家，对18世纪的英国思想界有重要影响。

或正在参悟此道的人来说，他们既然视万有为一，那么第一等高明的或第十等低劣的宗教画像，在他们那里都将是最微不足道的事物。）我猜，艺术只适用于初学者，或者那些顽固的死硬派，这些人打定主意只满足于“真如”的仿制品，他们更在乎符号而非被描绘之物，更欣赏精美印制的菜谱而抛弃真实的佳肴。

我把讨论凡·高的这本书放回书架，又抽出旁边的一本，这本是关于波提切利[①]的。我翻开看着。翻到《维纳斯的诞生》，啊，这幅画从来不是我的最爱。《维纳斯与战神》倒是不乏魅力，然而可怜的罗斯金[②]在其漫长的情爱悲剧最痛苦的阶段，对此画进行了强烈的谴责。还有那细节丰富、复杂到令人称叹的《阿佩莱斯的诽谤》[③]，以及不那么有名，也不太出色的画作《朱迪思》[④]。但我却被后者迷住了，我并不是瞩目于那苍白的、神经质的女主人公或其侍从，也并非关注死者那毛发丰盛的头颅或远处的春景，而是

① 桑德罗·波提切利（Sandro Botticelli，约1445—1510），文艺复兴早期的意大利著名画家，代表作有《维纳斯的诞生》《维纳斯与战神》等。

② 约翰·罗斯金（John Ruskin，1819—1900），19世纪英国著名作家、批评家、社会活动家。所谓情爱悲剧，指的是他奉母之命结婚，后夫妻不合，致使罗斯金极度痛苦，数次发疯。

③ 《阿佩莱斯的诽谤》（*Calumny of Apelles*），是波提切利创作的蛋彩画。公元前5世纪的古希腊著名画家阿佩莱斯曾创作过名为《诽谤》的画作，但早已和他的其他画作一同失传了。波提切利读到了当时留下来的对《诽谤》的文字记载，根据自己的想象，在1494年完成了《阿佩莱斯的诽谤》。

④ 此处所指应为波提切利的《朱迪思返回伯图里亚》。朱迪思是一位寡妇，当时亚述帝国的一支军队在赫罗弗尼斯（Holofernes）的统帅下攻陷了很多城市，逼近了朱迪思居住的伯图里亚，为保护家园，朱迪思色诱赫罗弗尼斯，趁赫罗弗尼斯醉时将其杀死。

桑德罗·波提切利《维纳斯的诞生》
Sandro Botticeli - La *nascita di Venere*

桑德罗·波提切利《维纳斯与战神》
Sandro Botticelli - *Venere e Marte*

桑德罗·波提切利《阿佩莱斯的诽谤》
Sandro Botticelli - *Calumny of Apelles*

桑德罗·波提切利《朱迪思返回伯图里亚》
Sandro Botticeli - Le *Retour de Judith a Bethulie*

着迷于朱迪思打褶的紧身胸衣、她那摇曳到地被风鼓起的裙子紫色绸缎的质地。

这是我曾经见过的，甚至就是在当天早晨，在花束与家具之间，当我目光偶然下垂，随后激动地凝视我那交叉的双腿上那裤子的皱褶，那是何等样的一个迷宫啊，充满着无穷无尽的、内蕴丰富的复杂性！而那灰色的法兰绒质地，又何其丰润，且具有何等深刻、奇妙的奢侈性啊！而就在此地，它们又一次出现在波提切利的画作中。

文明人要穿衣，因此，倘若没有皱褶的织品出现，那么人类将不再有肖像画，神话的、历史的故事也将无法讲述。虽然这可以用来解释画像和故事何以诞生，然而仅仅靠缝纫是永远无法解释褶子布料何以有如此奢华的发展，也无法解释褶子布料何以成为所有造型艺术的主题。很明显，艺术家爱描绘褶子布料，是因为褶子布料本身，或者说是因为艺术家本身。当你画褶子布料或雕刻它时，你其实是在绘画或雕刻种种形式，这些形式其实是非具象的、绝对的，即使那些严格遵循了自然主义传统的艺术家，也会任由这些形式自如地发展。一般而论，圣母马利亚或使徒的画像和雕塑，百分之十的部分乃是严格的人体表现，这部分是完全具象的；而所有剩余部分，皆是对那皱褶的羊毛或亚麻织品这一不竭主题的多姿多彩的变调罢了。百分之九十的非具象风格的部分，也许在质上或量上对圣

皮耶罗·德拉·弗郎西斯卡
（Piero della Francesca）

济安·洛伦索·贝尼尼（Gian Lorenzo Bernini）
的自画像

母马利亚或使徒是否塑造成功具有同等的重要性，它们奠定了整部艺术品的风格，同时奠定了基调，主题随之展开，它们传达了艺术家的情绪、气质和人生态度。

皮耶罗①光滑无曲折的表面、褒衣博带的风格，显示出作者信奉斯多葛派②的严肃哲学；而到了贝尼尼③，则陷于现象与愿景之间，纠缠于犬儒主义④和理想主义，他努力平衡这些冲突，最终

① 皮耶罗·德拉·弗朗西斯卡（Piero della Francesca，约1415—1492），文艺复兴早期意大利画家，同时也是数学家和几何学家，其传世画作风格严肃，重视透视，人物衣装确实是宽衣博带。

② 斯多葛学派（Stoical），或称斯多亚学派，也被译为斯多阿学派，是芝诺（Zeno，约前336—约前264）于公元前300年左右在雅典创立的学派；因在雅典集会广场的廊苑（Stoic）聚众讲学而得名，该派强调理性的作用，对欧洲后世影响极大。

③ 济安·洛伦索·贝尼尼（Gian Lorenzo Bernini，1598—1680），意大利美术家、建筑师。

④ 犬儒主义学派是古希腊四大学派之一，一般认为是苏格拉底的弟子安提斯泰尼创立的，代表人物是第欧根尼（Diogenes，前404—前323），他因为住在木桶里的怪异行为而出名。当时奉行这一主义的哲学家或思想家，他们的举止言谈、行为方式甚至生活态度都与狗的某些特征相似，他们旁若无人、放浪形骸、不知廉耻，却忠诚可靠、感觉灵敏、敌我分明、敢咬敢斗。于是人们就称这些人为“犬儒”，意思是“像狗一样的人”。

皮耶罗·德拉·弗郎西斯卡《耶稣受洗》
Piero della Francesca - *The Baptism of Christ*

济安·洛伦索·贝尼尼《圣特雷萨的沉迷》
Gian Lorenzo Bernini - *Ecstasy of Saint Teresa*

埃尔·格列柯（El Greco）的自画像

让 - 安东尼·华托
（Jean-Antoine Watteau）

却只是以一种裁缝般巨大的抽象风格来描绘他的主人公，以致他们的面庞显出一种滑稽的逼真，在石头和青铜之上，这种风格是那永恒夸饰的陈词滥调（诸如英雄、圣洁、人类永恒渴求的庄严）的象征——虽然这些陈词滥调的绝大多数都徒然成空。还有埃尔·格列柯[①]，他画中有令人烦躁的、粗俗的裙子和斗篷；至于科西莫·图拉[②]，他为自己的主人公披上的衣服，则是锐利的、缠结的、火焰般的皱褶。在前者，传统的精神生活瓦解，化为不可名状的生理渴求；在后者，画面中缠绕着一种对世界本质上的疏离和敌意的痛苦之情。或者再来看看华托[③]，他笔下的男男女女弹着琉特琴，已经为舞会和滑稽表演做好了准备，

① 埃尔·格列柯（El Greco，1541—1614），文艺复兴时期西班牙画家、雕塑家、建筑师。
② 科西莫·图拉（Cosimo Tura，约1430—1495），文艺复兴早期意大利画家。
③ 让 - 安东尼·华托（Jean-Antoine Watteau，1684—1721），法国画家。

埃尔·格列柯《三博士来拜》
El Greco - *Adoración de los Reyes Magos*

让 - 安东尼·华托《高兴的丑角》
Jean-Antoine Watteau - *Pierrot Content*

科西莫·图拉《卡利俄佩女神的寓言》
Cosimo Tura - *An Allegorical Fiture of Calliope*

在天鹅绒一般的草坪上和贵族气的树木下，他们着手前往每一个恋人梦中的塞西拉岛[①]；然而，这些画中人物，他们那巨大的忧伤，以及画家本人那饱受批评的、极度痛苦的敏感性，却并未在描绘的场景、姿态、面庞上得到宣泄，相反，是借了画中人物的塔夫绸裙子、绸缎披风和紧身上衣的纹理才得到缓解；此处不见一寸光滑的表面，未见一刻平静与信心，所余的，不过是无穷的小小活褶，和皱纹组成的如丝般的荒凉——这是经大师完美的自信之手梳理过的内在的不自信，它们不断调整，从一个色调转到另一

① 塞西拉岛（Cythera），位于希腊，与伯罗奔尼撒半岛东南段恰好隔海相望，自古以来即为商业、军事重镇，历经多个种族的统治，形成风格极其复杂的传统和文化，是希腊著名的旅游胜地。

让 - 安东尼·华托《驶向赛西拉岛》
Jean-Antoine Watteau - *L'Embarquement pour Cythère*

个色调，从一种含糊不清的颜色转到另一种颜色。

让 - 奥古斯特 - 多米尼克·安格尔
（Jean-Auguste-Dominique Ingres）

谋事在人，成事在天。在造型艺术中，主题起到相当大的作用，最终做决定的却是艺术家的脾性，或者说（至少在肖像画、历史画和风俗画中）起决定作用的是雕刻和描画出来的带褶子的布料。在主题与艺术家的脾性之间，两者可能达成一致意见：盛大游园会[①]要令人动容落泪；被钉上十字架的场景要表现出平静乃至愉悦；一场侮辱的场景要表现为近乎令人难以忍受的性感，又或者近似女性“无脑”的故事场景（在此，我想起了安格尔[②]盖世无双的《摩特歇太太》）要表达出最严肃的、最不可妥协的智慧性。

但这还不是全部。现在我又发现，褶子布料并不仅仅是将非具象的形式引入自然主义绘画和雕塑的工具。这些我们只能在麦司卡林影响之下能看到的东西，艺术家们却先天就可以看到，而且可以持续看到。艺术家的感知不受生理或社会功利主义的束缚。

---

① 原文为法语 *Fête galante*，是法兰西学院于1717年所创的一个术语，专门用来形容安东尼·华托的绘画风格。华托喜欢描绘户外游园的场景，通常画中的主人公穿着舞服，或化装舞会的打扮，在开阔的风景区内娱乐。

② 让-奥古斯特-多米尼克·安格尔（Jean-Auguste-Dominique Ingres，1780—1867），法国新古典主义画家。《摩特歇太太》（*Mme. Moitessier*）是他的一幅画作，表现一个中产阶级妇女丰腴、花哨的人生。

让 - 奥古斯特 - 多米尼克·安格尔《摩特歇太太》
Jean-Auguste-Dominique Ingres - *Mme. Moitessier*

原属“自由心智”的一小部分的知识，越过大脑的减压阀和“自我”，渗入到艺术家的意识中，这是有关万物之存在的本质意义的知识。无论是对于艺术家，还是对于麦司卡林的服食者，褶子布料都是生动的象形文字，以某种怪异的表达途经，替代了“纯粹之存在”那深不可测的神秘之身。我那灰色的法兰绒长裤充满了“本然”，在量上也许比不上那些完全超自然的花朵，但却超越了那把椅子。我说不清楚，这些东西何以能得到如此恩典的地位。或者，是否因为褶子布料的形式是如此怪异、戏剧性、引人注目，因此将“纯粹之存在”的奇迹传达给了注目之人？谁说得清呢？毕竟，更重要的是体验本身，而非原因。

在世界上最大的“药房”里，我仔细观察着朱迪思的裙子。我明白了，当波提切利（其实不止波提切利，还包括其他许多人）凝望褶子布料时，其目光已经受到点化，同时这目光还能点化万物，而我在当天早晨，也正带着这样的目光观察着椅子和裤子。艺术家们凝望着的，乃是褶子布料的“本然”、“全体”以及“无限”，他们竭尽全力要将之表现在绘画或雕塑中。当然，他们并未成功，因为“纯粹之存在”的荣光和神奇属于另一个维度，甚至最高明的艺术家也无法表达。但是，在朱迪思的裙子上，我却能清楚地明白，倘若我有绘画天赋，或许我能够表现我那灰色的旧法兰绒裤子。天知道，我的表达远不能与本体相比，但却足以愉悦一代又一代的欣赏者，足以令他们至少理解一点点“纯然之物”的真实意义——因为我们那可怜的愚蠢，我们虽称呼其为“纯然之物”，却对之莫不关注，相反对电视倒是情有独钟。

当我看着我的裤子，看着书架上宝石般的书籍，看着我那远胜过凡·高画作的那把椅子腿，我不停地自言自语：“人们就应该这样看待万物。”“人们就应该这样看待万物，因为万物本来就是如此。”但是我不得不有所保留。因为，假如一个人常常是用这样的方式看待世界，他就将永远不想再做其他任何事了，他将只是凝望，直至成为花朵、书籍、椅子、法兰绒的神圣的“非我”，人生夫复何求？然而，在这种情况下，其他人类怎么办？人类之间又该如何相处？在当天早晨我的谈话录音中，我发现我一直重复着一个问题：“如何处理人际关系？”一方面是以应有的方式看待万物，能得到永恒绵延的幸福；另一方面却是要因为暂时的责任而去做该做之事，体验该体验的感情，但这两方面该如何调和？我当时说：“一个人理应视一条裤子为无限重要之物，同时视人类为更无限重要之物。”“理应”？实际上，这却似乎是绝不可能的。打个比方，人只要看到了万物那非凡的荣耀之光，就不会再关心人生中那些日常的、必要的琐碎事务了（尤其是与人际相关的事务）。别人不过是许多的个体，而我至少在某方面成为了“非我”，同时也就能感知并成为身边事物的“非我”。面对这焕然新生的“非我”，暂时成为过去的旧我或他人（旧我的老朋友）的行为、外形、思想，似乎并不令人厌恶，而是毫不在乎。

实验者要求我分析、汇报自己的行为，但我却何其渴望与花朵、椅子腿、法兰绒裤子的皱褶那永恒、无限和绝对性独处啊！我发现，我刻意回避那些与我同处一屋之人的目光，刻意抑制自己不要太过关注他们。其中一人是我的夫人，另一人我很尊重也非常喜爱，但他们却都属于麦司卡林暂时将我拯救出的世界，那个世界里满是自我、时间、道德判断、锱铢必较，尤其充满（以下所列是我最希望清扫干净的）自作主张、骄横自负、夸大其词和偶像崇拜。

实验进行到这里时，有人给我一张很大的彩色复制画，就是塞尚那幅著名的自画像：一个男人戴着一顶巨大的草帽，露出头部和肩膀，脸颊红红的，嘴唇红红的，丰盛的络腮胡是黑色的，还有一双并不和善的乌黑的眼睛。这幅画非常杰出，但是我现在看它，却并不将它看作画。塞尚的头迅速显出第三个维度，活生生地化作一个小妖精般的人物，透过画纸所开的那扇窗户，探出头来，就在我面前。我大笑起来。当他们问我为何而笑时，我这么回答：“何等的自负啊！”我不停地重复着。“他到底以为自己是谁？”这个问题不是专门指责塞尚的，而是针对全人类。他们究竟以为自己是谁？

保罗·塞尚《自画像》
Paul Cezanne - *Self-portrait of Cézanne*

“就像当时身在多洛米蒂山脉[①]的阿诺德·本涅特[②]一样。”我说，突然回忆起一个场景，当时阿诺德·本涅特拍了快照，永久保留了当时的快乐。那大概是在本涅特去世前的四五年，他沿着科尔蒂纳·丹佩佐[③]一条寒冷的小路行走，身旁是一片初雪，远处是一面哥特风格的红色峭壁——其实比哥特风格还要恐怖许多。而本涅特呢，他温柔、宽容，却不开心，他那时自觉地、过火地表演着自己小说中最喜欢的那个人物——卡德。当时，他就那样走着，缓慢而蹒跚，沐浴着阿尔卑斯山灿烂的阳光，两手的大拇指插在一件鼓鼓囊囊的黄色马甲的袖口里，马甲下面，他那罗汉肚呈现出布莱顿城[④]摄政王时期某扇弓形窗的优美曲线，他的头后仰，似乎瞄准着蔚蓝的天穹，结结巴巴地说出了炮弹似的话语，到底说了些什么，我已经忘记了，但是他当时的姿态、气质、造型等于在呼喊：“我就像那些该死的群山一样棒！”当然，就某些方面而言，他必定要比大山好太多；但是正如他本人所知，他最喜欢的小说人物可不会以这种方式来想象自身。

无论成功与否（先不管成功是什么意思），我们所有人都在过

---

① 多洛米蒂山脉（Dolomites），位于意大利东北部。

② 阿诺德·本涅特（Arnold Bennett, 1867—1931），英国小说家。下文提到的卡德（Card），是他创作的同名短篇小说里的主人公，其实是将纸牌（card）拟人化，非常滑稽。

③ 科尔蒂纳·丹佩佐（Cortina d'Ampezzo），意大利北部小镇。

④ 布莱顿（Brighten），英国南部城市。

火地表演着我们最喜爱的小说人物。“实际上身为塞尚”是完全不可能的，但这无关紧要。对于塞尚这位完美的画家来说，他有一个小小的管道通达“自由心智”，绕开大脑的减压阀和“自我”的过滤器，从而使自己真正成为那个满脸络腮胡、眼睛不和善的小妖精。

稍稍轻松一下，且让我再次回到我那裤子的皱褶上面来。“人们就应该这样看待万物。”我又一次重复着。也许我还会加上一句话：“这些东西乃是人们应该去看的。”什么样的东西？是那些毫无做作之物，它们满足于单纯的自我，有着充沛的本然性，从不装腔作势，它们也从不疯狂地试图远离达摩法身独自远行——像当年的路西法公然抗拒上帝的荣光一样。

“达到此境界最快的捷径，”我说道，“便是成为维梅尔[①]。”是的，成为一个维梅尔，因为这位神神秘秘的艺术家确实有惊人的天赋，他的视觉能感知“达摩法身，即是花园最下的篱笆”，也能扩展这种视力至人类的极限，还能谨慎地将自己约束于绘画——描绘现实中更可控制的部分。虽然维梅尔经常描画人类，但他通常却是一位静物画家。塞尚曾告诉他的女模特们，要竭尽全力让自己像苹果，他也努力以此理念来画肖像；但是他的那些苹果般

① 约翰内斯·维梅尔（Johannes Vermeer, 1632—1675），荷兰画家，善于画中产阶级的家庭生活。

的妇人们，却更接近于柏拉图的“理念”，而非“达摩法身，即是花园最下的篱笆”；她们也被看作永恒和无限的化身，但却非沙子和花朵那般，而是某种非常高等的几何学分支般抽象的永恒和无限。

维梅尔则不一样。他从未要求他的女孩们看起来像苹果，相反，他坚持要求女孩们做到女孩的极致，但总是附加一个条件，即要求她们克制自己不要表现得女里女气。她们或许是坐着，或许是沉默地站着，但永远不得咯咯傻笑，永远不得表现出自我意识，永远不得祷告或渴望那不在场的爱人，永远不得闲言碎语，永远不得嫉妒地凝望她人的婴孩，也永远不得说脏话、谈恋爱、仇恨人或是工作。假如她们做了这些被禁之事，她们当然会变得更像她们自己，但却正因此而丧失了呈现自身那本质的“非我”的机会。

照威廉·布莱克的话说，维梅尔的感官之门不过是部分地打扫干净了。是的，一块嵌板被擦得近乎透明，可谓完美，然而，大门的其他部门却仍然是泥泞满布。

在事物之中，在生物之中，不管其善恶如何，那本质的“非我”的存在都能被清晰窥见。而对于人类，却只有在睡着时，心智才能免遭扰乱，身体才能一动不动，“非我”才能被看见。在这样的时刻，维梅尔能看见“真如”的现身，它充满天堂一般的美丽；

约翰内斯·维梅尔《倒牛奶的女人》
Johannes Vermeer - *The Milkmaid*

约翰内斯·维梅尔《绘画艺术》
Johannes Vermeer - *The Art of Painting*

约翰内斯·维梅尔《戴珍珠耳环的少女》
Johannes Vermeer - *Her meisje de parel*

而在一个小尺度的范围内，维梅尔则可以将“真如”注入一个个微妙的、华丽的静物之中。毫无疑问，维梅尔是人类静物画最杰出的大师。但是，也有其他一些画家可以拿来说一说，比如维梅尔的同时代人物，法国的勒南兄弟[①]。我以为，他们下决心成为风俗画画家，但他们实际上完成的却是一系列人类静物画。在这些画中，他们表现万物那无穷之意义的纯净的感知力，并不像维梅尔那样依赖微妙而丰富的色彩和纹理，而是靠着一种更高的透明度，在一种简朴至极的、近乎单色的色调中，作者执迷于强调种种形式的区别。

我们这个时代则拥有维亚尔[②]，这位画家在他最好的作品中，在一个布尔乔亚家庭的卧室里，以令人难忘的方式呈现出了达摩法身光辉灿烂的形象；或者在某个股票经纪人位于郊区的家庭花园中喝茶之际，“绝对性”热火朝天地展开：

让 - 爱德华·维亚尔
(Jean - Édouard Vuillard)

① 勒南兄弟（Le Nain brothers），法国17世纪的三位兄弟画家，分别是路易斯·勒南（Louis Le Nain，约1593—1648）、安东尼·勒南（Antoine Le Nain，约1599—1648）和马修·勒南（Mathieu Le Nain，1607—1677），他们以创作肖像画著名。

② 让-爱德华·维亚尔（Jean-Édouard Vuillard，1868—1940），法国画家。

路易斯·勒南《快乐家庭》
Louis Le Nain - La *Famille heureuse*

店主抛弃了橡胶制品，却是为何?

商店徒有那奢华繁丽，行人受诱。

这是奥特伊[1]一处花园，香气已亡。

百日草如着漆之金属板，嗒然所丧。

对于罗兰·泰亚德[2]来说，这样的场景可算猥亵。但是只要诗中那位退休的橡胶制品商人安安静静地坐着，维亚尔就将会看到此君人上那“法身”之光，他将在百日草中描绘那金鱼池、别墅里摩尔人风格的塔楼、中国式的灯笼——这一切，都是失落的伊甸园一角。

但是与此同时，我的问题仍然没有得到回答。如此纯净的感知力，又如何与适当的人际关系、必要的琐事与责任（更别提施舍与实用主义的同情）相调和？行动者与沉思者两者之间古老的争论再次兴起，就我而言，这一争论的激烈性可谓空前。直到今晨之前，我只知道沉思的较低级、较普通的形式，诸如：做推论式的思考；对诗歌、绘画、音乐凝神聚气地领悟；耐心地等待灵感——没有这些灵感，甚至最平庸的作家也别想写出任何东西；

① 奥特伊（Auteuil），法国巴黎一行政区，是巴黎最富庶的地区之一。

② 罗兰·泰亚德（Laurent Taillade, 1854—1919），法国讽刺诗人、无政府主义的辩护者、散文家、翻译家。上面的诗歌为他所创作。

爱德华·维亚尔《早餐》
Edouard Vuillard - *Petit Déjeuner*

爱德华·维亚尔《阅读中的露西·海塞》
Edouard Vuillard - *Lucy Hessel Reading*

爱德华·维亚尔《吉卢夫人于家中》
Edouard Vuillard - *Mme Gillou Chez Elle*

或者偶尔一瞥之间，于自然之中发现华兹华斯所谓的“更深融入之物”；或者有时于寂灭之中，得到“晦涩知识”的暗示。然而现在，我知道沉思的最高级的形式——但尚不能说是最完满的形式，因为在沉思的最完满的形式中，马利亚之道包容马大之道[1]，提升它，使它获得更高的能量。麦司卡林打开了马利亚之道的大门，但却关闭了马大之道的大门；它为沉思留下了通道，但这种沉思与行动（甚至是行动的意愿、行动的想法）并不兼容。麦司卡林服食者在感受体验的间歇，易于感觉到虽然一方面万物如其所是至高无上，但另一方面似乎有什么地方出了问题。他所碰到的问题，本质上与困扰静修者和阿罗汉的问题一样，在另一层面上，又与风景画、人类静物画画家们的问题一样。麦司卡林永远不能解决这个问题，它只是以体验的方式，向那些过去从无机会当面见识此问题的人们提出这个问题。完满的、最终的回答，只能由那些准备好以正确的行为方式用持续而未经过滤的清醒心智来践行自己世界观的人们提出。

---

① 参见《圣经·新约·路加福音》10章38—41节，马大和马利亚是一对姐妹，曾共同侍奉耶稣。马大侍奉耶稣的方式是辛苦劳作；而马利亚侍奉的方式只是安静坐着，聆听耶稣的讲道。马大请耶稣让马利亚过去帮忙时，耶稣对她说：“马大，马大！你为许多的事思虑烦扰，但是不可少的只有一件，马利亚已经选择那上好的福分，是不能夺去的。”可见，耶稣所喜悦的是安静听道的马利亚，而不是在耶稣来到自家以后还为很多事思虑烦忧的马大。（另，《圣经·新约》中出现了多个叫马利亚的人，最有名的三个马利亚是“耶稣的母亲马利亚”、“抹大拉的马利亚”和“伯大尼的马利亚”，这里这位马利亚是“伯大尼的马利亚”。）

行动的沉思者、圣徒，以及那些时刻准备从七重天下到人间给其生病的兄弟一杯水的人（这是埃克哈特的表述）与静修者恰恰形成对照。阿罗汉从表象退出，进入完全超越的涅槃境界，与之相对照的恰是菩萨，对于菩萨来说，“真如”与诸多偶然的世界，其实为一；而菩萨的慈悲普照世间，所以任何一种偶然存在，不仅有机会因洞彻而转化，也有极大的机会领受实用主义的慈悲。而在艺术的天地中，与维梅尔和其他人类静物画的画家相对照，与中国和日本的风景画大师相对照，与康斯特布尔①、透纳②、西斯莱③、修拉④、塞尚相对照，便是那位攘括一切的伦勃朗的艺术。这些伟大的名字，全属于难以接近的卓越之人。

就我本人而言，在这难忘的五月的清晨，我也许只能感激有如此的经历。挑战及其完全自由的回应具有何等的本质？此问题以前我也曾窥见，但今晨的经历让此问题显得更加清晰。

在我们离开这一主题之前，请允许我再加上一句，任何形式的沉思（甚至是最寂灭的沉思）都有其伦理的价值。人类一半的

---

① 约翰·康斯特布尔（John Constable, 1776—1837），英国浪漫主义画家。

② 威廉·透纳（William Turner, 1775—1851），英国浪漫主义风景画代表人物、水彩画家。

③ 阿尔弗雷德·西斯莱（Alfred Sisley, 1839—1899），英国印象派风景画家，长期居住于法国。

④ 乔治-皮埃尔·修拉（Georges-Pierre Seurat, 1859—1891），法国后印象派画家。

约翰·康斯特布尔（John Constable）

老年的威廉·透纳在自己的画室

阿尔弗雷德·西斯莱（Alfred Sisley）

乔治 - 皮埃尔·修拉（Georges-Pierre Seurat）

约翰·康斯特布尔《威文侯公园》
John Constable - *Wivenhoe Park, Essex*

约翰·康斯特布尔《奥尔斯福德镇后面的宿舍》
John Constable - *The Quarters behind Alresford Hall*

威廉·透纳《无畏号》
William Turner - *The Fighting Temeraire*

威廉·透纳《加莱斯码头》
William Turner - *Calais Pier*

威廉·透纳《皇宫剧院重新营业》
William Turner - *Re-opening of the Palace Theatre*

阿尔弗雷德·西斯莱《鲁弗申的雪》
Alfred Sisley - *Snow at Louveciennes*

阿尔弗雷德·西斯莱《去森林的妇人们》
Alfred Sisley - *Women Going to the Woods*

乔治 - 皮埃尔·修拉《大碗岛的星期天下午》
Georges - Pierre Seurat - *Un dimanche après-midi à l'Île de la Grande Jatte*

乔治 - 皮埃尔·修拉《模特》
Georges Seurat - *Models*

美德都是消极的，即禁止越轨。主祷文只有不到50个词的长度[①]，其中6个词是吁请上帝不叫人类遇见试探[②]。单方面的沉思者抛弃许多他应该做的事情不做，为了弥补，他便不去做那许多他不应该做的事情。帕斯卡曾评论说，只要人们学会了在房间中安静地坐着，那么人类邪恶的总量将大幅减少。沉思者们，其感知力既然得到了净化，也就不需要拘束于房间之内了。他可以忙于自己的事业，并能彻底满意于自己不仅能看见，且还能成为万物神圣秩序的一部分；因此之故，他将永远不会受到诱惑而沉溺于特拉赫恩[③]所言的“世界的下流伎俩”中。当我们以为自己乃是宇宙唯一的继承人，“当大海在我们的血脉中涌动……当星辰坠落为我们的珍珠”，当万物在我们心中都成为无限与神圣，我们还会贪婪、自满吗？我们还会争权夺利吗？我们还会沉溺于无趣的娱乐吗？

沉思者不会成为赌徒、皮条客、醉鬼；通常也不会煽动仇恨，或制造战争；他们也无需抢劫、诈骗，或者剥削贫苦之人。在这些消极性美德之外，我们还要加上另一个美德，它很难被定义，但却积极又重要。阿罗汉和寂静主义者或者不能以圆满的形式沉思，但如果他们选择了圆满的沉思形式，他们或许将带回来有关

---

① 主祷文参见《圣经·新约·马太福音》6章9—13节。

② 试探，指的是人类被自己的私欲牵引诱惑，或魔鬼对人的诱惑。

③ 托马斯·特拉赫恩（Thomas Traherne，1636或1637—1674），英国诗人、神父、神学家、宗教作家。

另一个世界（一个超越的心灵世界）启发人心的报道；假如沉思达到极致，他们将成为渠道，其中流淌着另一个世界的美妙影响，此影响将淌入我们这个满是暗黑心灵的世界——人类因缺少这样的影响，长期以来不过是在等死罢了。

此后，按照实验者的要求，我离开塞尚的自画像，闭上眼睛，关注起自己大脑中的活动。很奇怪，这一次，内在的世界并无令人欣喜之处。视觉的领域充满着色彩明亮的、持续变化的结构，它们似乎是塑料做的，或者是用涂了釉的锡做的。

"便宜货，"我说，"琐碎的东西。就像廉价商店里的货色。"所有这些劣质产品，存在于一个封闭的、狭窄的宇宙中。"仿佛有一个人身处甲板之下，"我继续说道，"而这艘船就是在廉价商品店里购买的。"我继续看着，现在变得非常明显，这艘廉价船在某些方面与人类的自负联系在一起，与塞尚的自画像联系在一起，与在多洛米蒂山脉上过火地表演着自己小说中人物的阿诺德·本涅特联系在一起。啊，这艘廉价船那令人窒息的内景，正是我本人呀；而那些华而不实的锡、塑料的小玩意儿，不正是我对宇宙的贡献嘛！这个教训是有益的，可是依然令人遗憾，它会以这种形式，出现在这个时候。因为通常而言，麦司卡林服食者所见的内在世界，明白无误地是一堆"数据"，且是"无限和神圣"的，正如我睁开眼所看到的外部世界被美化了那样。但是从一开始，我的案例就是与众不同的。麦司卡林让我短暂地具有了闭眼却能看见事物的能力，但却未能（至少在此刻）向我反馈一个内部景象，能够略微与“在那里”的花束、椅子或法兰绒裤子相比。相反，它令我看见的内在世界并非达摩法身的镜像，而是我本人的心智；并非“真如”，而是一套符号（换句话说，也就是“真如”的替代品——而且是家庭小作坊所生产的）。

绝大部分服食麦司卡林的人，会由现实观察者变为空想者。其中一些（这些人的数目可能要比通常认为的多得多）甚至不需要转变的过程，因他们一直就是空想者。拥有威廉·布莱克这样精神特质的人群，甚至在今日的工业化、都市化的社会里，也有相当广泛的分布。这位诗人兼艺术家，其独一无二的地方并不在于他真实地看见了“那些美妙的原生之物——在《圣经》中它们被称为基路伯[①]”（引自他的《说明目录》[②]）；也不在于“我所见这些美妙的原生之物，其中一些高达百尺……它们皆蕴含着神话般深奥的意义”；而只在于他有能力以语言（很成功），或以线条、色彩（有一点儿不那么成功）至少暗示有一种并非那么极度非凡的体验的存在。那些没有这种天赋的幻想者，或者也窥见了内在

① 基路伯（Cherubim），《圣经·旧约》中多次提到的天国属灵生物，有翅膀，顺服于上帝。

② 《说明目录》（*Descriptive Catalogue*），威廉·布莱克1809年出版的著作，主题繁多，多有关宗教，并配有多幅插图。

基路伯陪伴童真女抱主
(Virgin and Child with Cherubim)

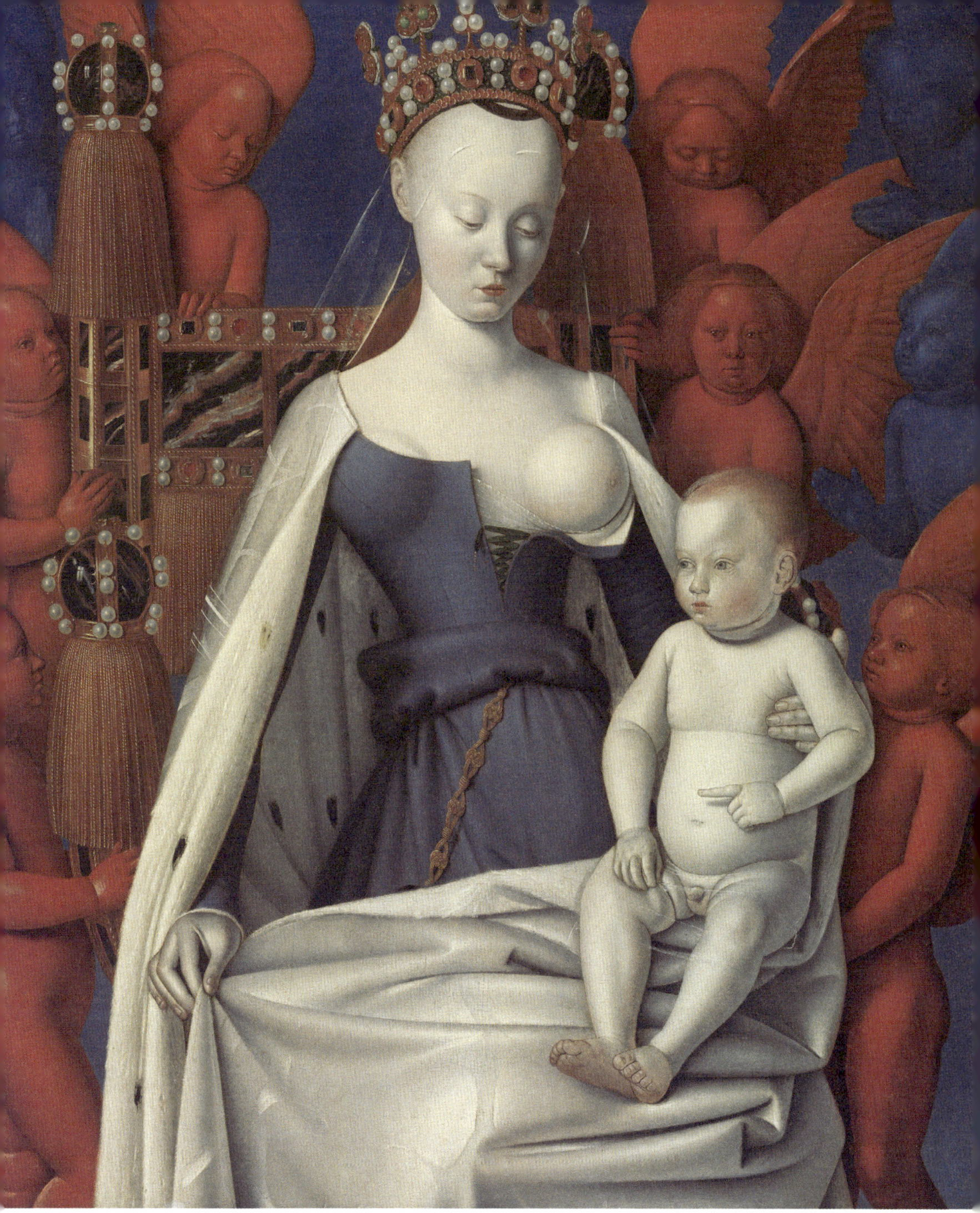

表现同一主题的《天使围绕圣母子》
（*Virgin and Child Surrounded by Angels*）

威廉·布莱克《雅各的天梯》William Blake - *Jacob's Ladder*
原画收录在《说明目录》中

世界，其巨大、美丽和意义并不比布莱克看见的世界有丝毫逊色，但因为缺少完整表达的才华，无法以语言或造型符号来表现所看见的一切。

根据宗教文献里的记载，根据诗歌、造型艺术现存的经典作品，我们可以很清楚地知道，在绝大部分时间里，在绝大多数地方，与客观存在物相比，人们都赋予内在世界更高的价值。人们感到，闭上眼所看见的一切，比睁开眼所看见的一切，在灵性的层面上更加重要。原因何在？亲不尊、熟生蔑，这是原因之一；乏味的日常生活与立刻的折磨在紧急程度上有所区别，但都是人类的生存问题，这是原因之二。外部世界是人类每天早晨起来所面对的生活，也是我们满心不情愿却必须要解决自己存活问题的地方。而内在世界呢，却既无工作亦不单调，人类虽只是在梦中和沉思中拜访，但其陌生感是如此强烈，人类竟不会连续两次踏入同一个内在世界场景。假如追寻着神圣的人类通常选择内观，他们将收获何等的惊奇！记住是“通常”，而不是“总是”。在道家和禅宗的艺术与宗教中，信徒们超越视觉凝望着“空”，通过“空”，回望客观世界里的“万物”。根据“道成肉身”的信条，基督徒们原本从一开始就可以采取相似的态度来对待宇宙，但因为教义中提出的“人类的堕落”[①]，采取这样的态度就变得非常困难。

① “人类的堕落”，通常指亚当和夏娃犯罪，被逐出伊甸园。

直至三百年前，对世界的根本否定和谴责，还依然是一种正统的、人人认可的表达。“在自然之中，我们根本不能见证任何奇迹，奇迹只有一个，那就是基督道成肉身。”这是17世纪时拉勒芒神父①的话，似乎还算言之有理，但今日再说这样的话，就是在大声告诉别人你的疯狂。

风景画兴起，成为主要的艺术形式，这在中国是大约一千年前的事，在日本是大约六百年前，在欧洲则是大约三百年前。“达摩法身，即是花园最下的篱笆”这一公案最早是由禅宗大师们提出来的，他们将道教的自然主义融入佛教的先验论之中。因此，只有在远东，风景画家们才自觉地将自己的艺术等同于宗教。在西方，宗教画家们却不过是描绘神圣的人物，以此图解神圣的文本；而风景画家们则视自己为世俗论者。今天，我们认为修拉是一位顶级的神秘主义风景画的大师，但在当时，这位比别人更能有效地传达“万有为一”理念的画家，在有人称赞他的作品有“诗意”时，他却义愤填膺。“我只是在利用‘体系’罢了。”他抗议道。换句话说，在他本人心目中，自己不过是一个点彩画派②的画家，

① 路易斯·拉勒芒（Louis Lallemant，1578—1635），法国耶稣会士，被称为法国的阿尔瓦雷斯神父。

② 点彩画派（Pointilliste），一种用细小的彩点堆砌，创造整体形象的油画绘画方法，创始人是修拉和保罗·西涅克（Paul Signac，1863—1935），此名称是来源于1880年代的艺术批评家们对他们绘画的讽刺，现在则成为了一个正式名称。点彩画派又称新印象主义，也叫分色主义，其主要代表人物除创始人外，还包括卡米耶·毕沙罗（Camille Pissarro，1830—1903）等人。

仅此而已。约翰·康斯特布尔也讲过一件类似的逸事。在生命晚期的一天，布莱克与康斯特布尔在汉普斯特德[1]相聚，年轻的艺术家给布莱克看自己的一幅素描（画的是荒野中的松树）。虽然布莱克对自然主义的艺术作品非常轻蔑，但这位衰老的幻想者在这幅素描中发现了出色之处——当然，如果是鲁本斯[2]的超自然主义作品，他就不会这么说了。布莱克叫道："这哪是绘画，这是灵感！"康斯特布尔的回答却是典型的个人风格："我还指望它能算一幅画呢。"这两个人都说对了。严格地、真实地说，这是绘画；但与此同时，它也是灵感，在灵感的等级上，至少达到了布莱克的高度。荒野中的松树，实际上被等同于达摩法身。净化的知觉向一位伟大画家的双眼敞开，于

约翰·康斯特布尔的松树素描照片松树

① 汉普斯特德（Hampstead），英国伦敦一富人区。

② 彼得·保罗·鲁本斯（Peter Paul Rubens，1577—1640），佛兰德斯画家，巴洛克美术的代表人物。

是有了这幅画作，当然还没有那么完美，但却仍然令人印象深刻。

在华兹华斯和惠特曼的传统里，在“达摩法身，即是花园最下的篱笆”的传统里，诗人们靠的是冥想和沉思；在幻想者那里，诗人们（比如布莱克）在自己的心灵中发现“美妙的原生之物”。但当代诗人却已经从这样的传统中退出，转而洞察私人（与超越一己之身的理念截然相反）和潜意识，在一套高度抽象的语言系统中，他们不再表达那些给定的、客观的现象，而仅仅是直接传达那些科学的、神学的观念。相似的转变也发生在绘画领域，我们发现，画家们普遍地放弃了风景画，而它原是十九世纪最主流的绘画形式；但他们并非进入那内在神圣的“数据”——绝大部分传统画派都关注这一“数据”，也并非进入原型世界[①]——在此世界人们总是能发现有关神话和宗教的原材料；他们乃是从外部的“数据”退出，进入私人的潜意识领域，进入人类的精神世界，这个世界甚至比理性个体生存的世界更加肮脏也更加紧密。

彼得·保罗·鲁本斯
（Peter Paul Rubens）

① 原型世界，原文为Archetypal World，借用的是心理学家卡尔·荣格（Carl Jung，1875—1961）的概念。在荣格眼中，原型并不是一些固定的形式，而更像一些潜藏在人类心灵最深处（荣格称之为集体潜意识）的原始人的灵魂。

彼得·保罗·鲁本斯《银河的诞生》
Peter Paul Rubens - *The Birth of the Milky Way*

想一想，这些锡制的、色彩高度艳丽的、塑料制的漂亮小玩意儿，我在什么地方见过来着？答案是，在那些最近展出非具象艺术的画廊里，每幅画都是这种货色。

现在，有人在唱机转盘上放了一张唱片。我愉快地听着，但与我曾见的花朵、法兰绒般的天启相比，音乐未能给我任何启发。我只能用视觉感受到那种天启，一位禀赋非常的音乐家会用耳朵听到吗？做这样的实验将会很有趣。与此同时，音乐既未能升华，也依然保持其固有的质量和强度，它对我理解方才发生在我身上的一切、对于解决由此引发的更广泛的问题，一点作用都没有。相当怪异的是，纯器乐竟使我感到浑身发冷。莫扎特的《c 小调钢琴协奏曲》第一乐章刚结束，音乐就被打断了，杰苏阿尔多 创作的合唱歌曲被放到了留声机上。我称赞道："这些声音，就是这些声音，它们就像一座桥，带人回到人类世界。"甚至某首关于一位疯狂王子的音乐作品，在唱到那最惊人的半音阶时，这音乐的桥梁仍然畅通。虽然情歌的乐句并不平衡，但音乐仍然坚持行进，其间并未在任何两个小节中重复同一个音调。杰苏阿尔多，他就像韦伯斯特大学音乐剧里的一个奇异角色，其心理分裂被夸大，被推向极端，而其音乐在情绪上则显出一种内在的倾向，与标准的调性音乐恰成对立。最终，这样的音乐作品听起来像是由晚年的勋伯格[①]所作。听着这些奇异的作品——作者是一位反宗教改革的精神病人，处理的却是中世纪晚期的一种艺术形式。

我发现自己被迫想要说话："然而，虽然作者完全处于分裂状态，但这并没有关系。整体乃是紊乱无序的，但每一个单独的碎片却秩序良好，它们代表了更高的秩序。而甚至在瓦解状态中，最高的秩序依然可以自如体现；同样，在碎屑之中，整体依然在场——也许甚至比任意完整的、连续的作品更清晰地在场。至

① 阿诺尔德·勋伯格（Arnold Schoenberg，1874—1951），奥地利作曲家、音乐教育家和音乐理论家，西方现代主义音乐代表人物。

少，你并未被某些不过是由人类编造的秩序所诱骗，以为有安全感。你务必依赖自身对根本秩序在此时此刻的领悟。因此，在特定意义上，分裂或许也有其优势。但是当然，精神分裂是危险的，非常可怕的危险。假设一下，如果你再也不能从一团混沌中抽身返回……”

听完杰苏阿尔多的音乐，我们轻轻一跃，跨越长达三个世纪的鸿沟，现在开始欣赏阿尔班·贝尔格[①]的《抒情组曲》。

阿尔班·贝尔格
（Alban Berg）

“这个”，我提前打预防针，“将是地狱。”

然而，结果表明，我错了。实际上，音乐听起来非常有趣。跟随着音乐的十二音苦调，我个人潜意识中的痛苦也随之被调动出来。但令我感到震惊的，却只是这音乐的不协调：甚至是比杰苏阿尔多更加彻底的精神分裂者，竟能利用天赋和技巧等惊人的资源，完成他的音乐表达。

“难不成他从没为自己感到过难受！”我不带一点同情地嘲弄着。然后，我又喊道：“这是鬼叫[②]，博学的鬼叫！”终于，在又

① 阿尔班·贝尔格（Alban Berg，1885—1935），奥地利作曲家，其作品把无调主义风格应用于古典形式。

② *Katzenmusik*，德语，意为胡乱发出的叫声。

经过备受折磨的几分钟后，我说道："谁会在乎这位作者的情感如何？他怎么就不能关心点儿别的事情？"如此评价一首被公认为杰作的作品是不公平的，也是不适合的，但我以为，这样的评价并不是空穴来风。我暂且先引用这句评论，只是因为在一种能够纯粹地沉思冥想的状态之中，这句话就是我对《抒情组曲》的真实反应。

一切结束之后，实验者建议我和他在花园里一起散步。我很愿意，虽然我的身体近乎完全与我的思想剥离，或者更准确地说，虽然我意识到外部世界被美化了，但我却不再同时感知到身体机制——虽然我自然可以起立，打开落地窗，略一迟疑便可迈步出门。

当然，感觉到"我"不同于在"那边"的胳膊和腿，也并不同于这整体的、客观的躯干、脖子，甚至头脑，这实在怪异；但是人很快会适应这种感觉。无论如何，身体似乎能完美地照顾好它自己。的确，实际生活中，身体总是自己照顾自己的。清醒的"自我"所能做的一切，不过是构思想法，然后由某些力量来执行，而"自我"对这些力量只有在极少数情况下才能予以控制，并且对其不能完全了解。当"自我"要做更多的事情——比如过度努力，或产生焦虑，或对未来忧心忡忡——那么，就会降低那些力量的效果，甚至会导致身体虚弱，就此病倒。目前在我这种状态下，意识并不等同于“自我”，可以说，意识自行其是，这意味着控制身体的生理性智力同样也自行其是。于是很幸运的是，在清醒时刻总想操纵我们人生的那个神经过敏的干扰势力——“自我”，此刻远离了我。

我跨过落地窗，走入一个藤架之下。藤架由许多一英寸宽间隔半英寸的木板条构成，一株蔷薇盘沿缠绕其上。小径最远端，放着一把花园椅。阳光明媚，木板条的影子在小径上造出斑马纹的图案，花园椅的正面和背面，也一样交织着斑马纹。

又是那把椅子，我何曾会遗忘了它？帆布椅套上阴影横贯——那是一种热情洋溢的、深深的靛蓝色条纹，却错织着另一种炽热的条纹，其色彩是如此热烈、明亮，以至于令人很难相信这不是蓝色火焰造成的。我浑然忘我地凝视着，这似乎用了极长的时间，但我根本无意弄明白眼前所面对的究竟是何物。在别的任何时候，也许我会认为自己看到的是一把被光亮和阴影交错织就的椅子，但今天，概念被吞噬了，只剩下知觉对象本身。我是如此沉浸于凝望，我真实所见的一切是如此震撼了我，以至于我根本不能意识到其他任何东西。花园装置、木板条、阳光、阴影，凡此之类，终于不过是一个个名字和观念罢了，不过是冗长的语言罢了，只有实用的或科学的目的。因为有一件事发生了，就是说，我看见了一连串天蓝色的炉门，被一连串深不可测的龙胆花的鸿沟依次隔开。这种景象，美妙不可方物，甚至美到令人近乎恐惧。突然之间，我对人疯狂时必然会产生的感受，算是略有所知了。

精神分裂症患者，一面置身天堂，一面也置身地狱和炼狱。我想起一个老朋友，他已去世多年，生前曾告诉我他的妻子疯了。在发疯的早期阶段，某天趁她难得清醒的时候，他走去与她说话，讨论孩子们的事情。她听他说着，突然打断他，说道，你怎能舍得浪费时间说几个并不在场的孩子？此时此刻，真正重要的，是你身上那件棕色的花呢夹克。每当你挪动手臂时，它显示出来的图案是那么难以言表的美丽。

天啊，单纯地、单一地冥想，引发净化后的感知的天堂，实在不是人能忍受的。那至福的闪现，越来越少、越来越短暂，直至消踪灭影，只剩恐怖。

面对一把椅子，看起来我像面对着最后的审判；或者更准确地说，经过最后的审判，历时长久、倍经困苦，我终于认出来那是一把椅子，于是突然之间，我感到自己走到了疯狂的边缘。我突然意识到，自己走得太远了。实在太远了，虽然这段路程前往的是更强烈的美丽、更深刻的意义。后来当我回顾，我明白当时的恐惧也许是可以忍受的，因为这恐惧，是理智绝大部分时间里惯于生活在一种舒适亲切的符号世界，突然直面一种远高于理智的真实实体后产生的压力，在这压力之下，人感觉到被淹没、被分裂。有关宗教体验的文学作品也充斥着类似的痛苦和恐惧，它们压迫着那些直面恐怖神秘[1]突然显现的人。借用神学的语言，此种恐惧的产生，源于自大的人类与神圣的纯洁之间相互对立，源于人类自我加重的孤独感与上帝的无限两者之间的冲突。根据波墨[2]和威廉·劳的说法，我们可以这样说：对于冥顽不灵的灵魂来说，当神圣之光照耀，他们只能将其理解为燃烧着的炼狱之火。在《西藏生死书》中也能发现几乎相同的教义，此书中，死者的灵魂被描述成面对"空的纯粹火焰"，甚至面对较轻微的、较温柔的光芒，都在痛苦畏缩中狂奔进那令人安慰的自我的黑暗之中，在那里，等待投胎为人、为畜，或甚至变为一个沮丧的幽灵，居住地狱之中。不要完整地现实那灼热的光芒！不要啊！

雅各·波墨
（Jakob Böhme）

精神分裂症患者的灵魂不仅是冥顽不灵，而且，还已病入膏肓。他的病症在于无法（像

① 原文为拉丁文，*Mysterium tremendum*。

② 雅各·波墨（Jakob Böhme，1575—1624），德国基督教神秘主义者和神学家，在路德教会发展史上，他被认为是一位原创性的作家。

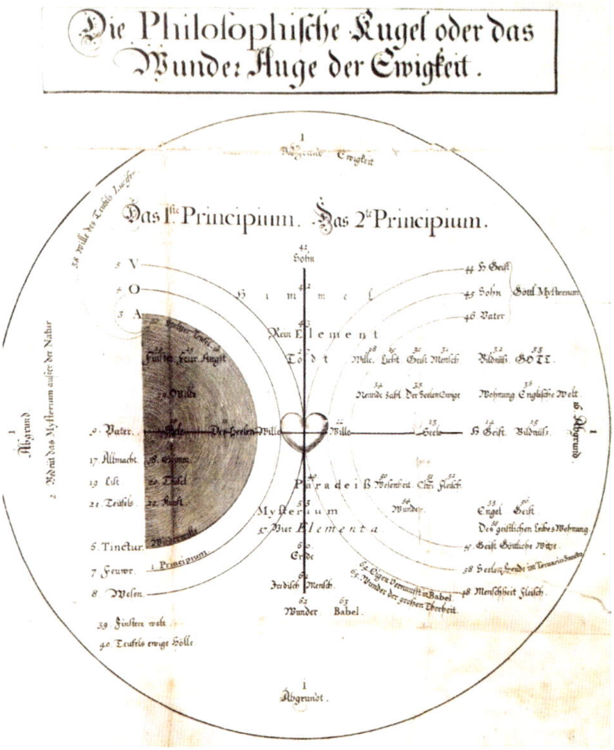

波墨的“宇宙观或哲学领域或永恒的奇迹之眼”
（Böhme's Cosmogony or the Philosophical Sphere or the Wonder Eye of Eternity）

正常人通常所做的那样）在内在、外部的现实世界中寻找到人类自造的常识宇宙，亦即由实用的概念、共通的符号、社会公认的习俗所构成的严格的人类世界。精神分裂症患者就像是一个持续处于麦司卡林影响之下的人，他没有办法将所体验到的完整的现实（他还没有足够神圣到可以居住其中）关闭在心门之外，也无法对此完整的现实进行辩解——因为这个现实是最为坚固、最为基本的事实，而此现实也从未允许他以其单纯的人类的眼睛窥见真相，于是，他便被吓倒了，乃至以人类甚或以宇宙的恶意来诠释此现实那连绵不懈的吊诡、滚烫炽热的意义，并寻求最孤注一掷的反制措施，比如杀戮、暴力、紧张症，甚或心理自杀等各种手段。

一旦踏上那向下的地狱之路，任何人都永无停步的机会。到了今天，这已经是显而易见的事了。

面对实验者的询问，我是这样回答的："如果你一开始就走错路，随后发生的一切将成为反对你的阴谋的证据，一切也将是自动证明，甚至你呼吸一口空气，也将成为这场阴谋的一部分。"

"那么你认为自己知道疯狂是如何发生的？"

我的回答是确凿无误的，也是发自内心的："不错。"

"那么你能控制它吗？"

"不，我不能。假如一个人以恐惧、仇恨作为前提，那么最后的结论也就注定了。"

这时我的妻子问我："你能集中注意力，看到《西藏生死书》中所说的'澄澈之光'吗？"

我表示怀疑。

"假如你能掌握这道光，是不是就能驱逐邪恶？还是说你不能掌握它？"

对这个问题，我沉思了一会儿，最终回答道："或许，或许我能，但只有当旁边有人告诉我说，这是'澄澈之光'的时候。一个人不能独自完成这样的事。我猜，这就是藏传仪式中，总有一个人始终坐在旁边，不停告诉你一切的意义所在的缘故。"

在听完如上一段录音后，我取下《西藏生死书》的埃文斯－温茨[①]译本，随意翻开来看。"啊，出生神圣之人，汝之心灵，万勿偏离。"这就是问题的核心：保持专注，勿因过去罪孽的记忆而分心，勿因想象的娱乐而分心，勿因回味旧日的过错和屈辱的苦涩而分心，勿因一切恐怖、仇恨和渴望而分心，凡此皆日常之事，却皆足以遮蔽澄澈之光。僧侣们为将死者和已死者所做的一切，或许不就是当今的精神病医生为疯狂之人所做的吗？疯狂之人需要一个声音，无论在白天还是当他们熟睡时都不停告诉他们，尽管历经一切恐惧、困惑、迷乱，那最终的真实依然屹立如山，其光芒与那些甚至遭受了最为残忍折磨的心灵所发出的内在之光，本质为一。

借助诸如录音机、钟表控制的开关、车内播音系统、枕头广播等设备，人类将很容易就能帮助到那些人手不足的机构里的囚徒，始终不停地提醒他们这一原初的事实。或许如此一来，少数

① 沃尔特·埃文斯-温茨（Walter Evans-Wentz，1878—1965），美国人类学家，西方最早研究藏传佛教的人之一，1927年翻译了《西藏生死书》。

迷失的灵魂有可能因此得以在一定程度上控制他们所见到的那个宇宙——乍一看美丽迷人，却总是超人类的，总是令人难以理解的——而他们受到天谴，将居住其中。

未过多久，我被引导，离开那把散发着令人不安光彩的花园椅。篱笆之上，悬挂着一道道绿色的抛物线，常春藤的叶子闪烁着玻璃、绿玉一般的光芒。一会儿之后，一簇盛开的火炬花涌进我的视野，它们的生命力如此旺盛，似乎将要开口宣言，它们的叶子则挺拔直上遥指青天。就像木板条之下的那把椅子，它们表现出太多的抗议姿态。我低头看叶子，在叶子之上，我发现由最纤弱的绿色构成的错综光影，交杂在空隙与叶子之间，跃动着难以诠解的一段神秘。

蔷薇：

花儿易绘，

叶儿难描。

正冈子规[①]的这段俳句所描绘的，间接表达了我当时所感觉的一切：花朵那丰盈的、过分明显的光芒，与叶子那微妙得多的神

① 正冈子规（Masaoka Shiki, 1867—1902），日本诗人、作家、文学批评家，日本现代俳句、短歌的代表作家。

秘，恰成对照。

我们步入街道。一辆巨大的、淡蓝色的汽车停在边石上。一看见它，我心中突然涌起一种巨大的戏谑之乐。从那鼓凸的身形、光滑的珐琅，洋溢出何等的自鸣得意和荒唐自满啊！人类造出这东西，乃是照着自己的形象来的——或者说是照着自己最喜欢的小说人物的形象来的。我大笑，笑得眼泪都流出来了。

我们重新回到屋里。餐桌已经摆好了，某个人（此人尚不能说就是我本人）食欲大开。从一个相当远的距离，我不带有太多兴趣地看着人们进餐，然后，我们坐进车里，开车去兜风。麦司卡林的药效正在衰退，但是花园中的花朵仍然战栗着将要成为超自然之物。显而易见，小巷里的漆椒树和长豆角也仍然隶属于某种神圣的木丛。伊甸园、多多那[①]交替出现。世界之树[②]、神秘的蔷薇交替出现。然后，突然之间，我来到了十字路口，等待着穿过日落大道[③]。在我们面前，车流稳定地前进，成千上万辆车子皆明亮耀眼，仿佛这是一个广告商的梦境，然而每一辆车都比前一辆车更加荒谬。我再一次笑得直不起腰来。

交通的红色海洋终于分流了，我们又驶进另一处绿洲，遍布

---

① 多多那（Dodona），希腊古城，位于希腊西北部，原是奉献给地母女神之所。

② 在北欧神话中，有一棵巨大的世界之树（Yggdrasil），位于宇宙的中心。

③ 原文为Sunset Boulevard，其中Boulevard是法语。

着树木、草坪、蔷薇。几分钟之后，我们已经爬上了山脉的制高点，城市在我们脚下铺开。令人非常失望的是，它看起来与我在其他场合看到过的城市并无两样。就我而言，变形的发生与距离成正比。越是靠近，事物越发神圣，显出“他性”。而现在所见的巨大的、暗淡的城市全景，几乎与城市本身很难区别开来。

我们继续行驶。只要我们仍然在山上，所见的都是远景，事物的意义便维持在日常的水平，没有改观。不过当我们转入一个新郊区，沿着两排房屋滑行而下时，神奇的事情再次发生。在此处，尽管建筑本身怪异、丑陋至极，但超自然的“他性”却重新涌现，暗示着清晨的天堂。砖制的烟囱、绿色的组合屋顶，在阳光中闪亮，像微型的新耶路撒冷。突然之间，我看到了瓜尔迪[①]曾经看到的一切（他观察的技巧真是无与伦比啊），他还经常将所见的一切呈现于画布之上：看，这是一道灰泥墙，一道倾斜的影子横穿过它，全是空无，但却散发令人难以忘怀的美，全是空无，但却充满一切的意义和存在的神秘。

弗朗西斯科·拉扎罗·瓜尔迪
（Francesco Lazzaro Guardi）

① 弗朗西斯科·拉扎罗·瓜尔迪（Francesco Lazzaro Guardi，1712—1793），威尼斯画家。

弗朗西斯科·加尔第《威尼斯运河》
Francesco Guardi - *Grand Canal, Venice*

启示降临，可惜一转眼之间它又隐去了。车子再度前行，时间呈现另一段永恒“真如”。

“同中存异。但同异之间的区别，绝非一切佛陀的本意。佛陀的本意，乃是言说整体与部分。”比如，这一堆红白的天竺葵，自然完全区别于路前方一百码处的灰泥墙，但是二者的“本然”并无区别，其无常的本质亦是相同。

一小时后，安全拜访完世界最大的药房，再行驶 10 英里，我们返回家中。我也就返回到那种令人安慰的，却又深深地令人不满的境界之中，我称之为“神经正常”。

一般而言，要想让人性永远与人造天堂断绝关系，似乎是不可能的。绝大部分男男女女的生活，最坏的境况是非常痛苦，最好的境况是非常单调、贫乏、受限，他们渴望逃离与超越，哪怕只有短短一会儿，这是——而且一直是灵魂最主要的欲求之一。照 H.G. 威尔斯①的说法，艺术与宗教，狂欢节与农神节②，舞蹈与雄辩，所有这些好比“墙上开门”。而在私人场合，每天人们都在使用化学麻醉品。所有的植物镇静剂、麻醉剂，所有长于树上的欣快剂，浆果中成熟的或从根部榨出的迷幻剂，所有这些无一例外，自古以来都被人类所熟知，且予以系统化的使用。在这些自

① 赫伯特·乔治·威尔斯（Herbert George Wells, 1866—1946），英国作家。

② 农神节（Saturnalia），古罗马的一个节日，从12月17日起持续七天，期间全民狂欢。

然的意识调节剂之外，现代科学又增加了一些人工合成剂，比如三氯乙醛[①]、苯丙胺[②]、溴化物[③]、巴比妥酸盐[④]。如今，所有这些意识调节剂只有靠医生的处方才能获得，或者以非法方式、冒着巨大的风险得到。西方世界目前只允许酒精和烟草可以无限制使用。所有其他“墙上开门”的化学药物，被贴上有害物的标签，所有非法服用者则被打上恶魔的标志。

现今，我们在酒精和烟草上的花费，比用在教育上的还要多。这一点并不令人惊奇，因为挣脱自我和环境束缚的渴望，几乎存在于每一个人身上，几乎存在于每分每秒。为孩子们做点儿事情的强烈渴望只有为人父母者才有，而且也只是在其子女就学的少数岁月里才有。另外，无需惊讶的是在于当今人们对待酒精和烟草的态度。虽然无可救药的酒鬼大军越来越壮大，虽然每年有成千上万的人因醉驾而致残或丧命，但流行的喜剧明星们却依然将酒精与酗酒者当作笑话来讨论。虽然烟草与肺癌之间的因果关系非常显明，但实际上人们以为，吸烟和吃饭似乎是同样正常和自然的行为。如果以理性主义者和实用主义者的角度来看，这似乎

---

① 三氯乙醛（Chloral），无色易挥发油状液体，有刺激性气味。

② 苯丙胺（Benzedrine），一种苏醒剂。

③ 溴化物（Bromide），一种镇静剂。

④ 巴比妥酸盐（Barbiturates），一类作用于中枢神经系统的镇静剂，属于巴比妥酸的衍生物，其应用范围，可以从轻度镇静到完全麻醉，还可以用作抗焦虑药、安眠药、抗痉挛药等。

有些怪异；但是对于历史学家来说，这正是你唯一可以期待的结果。坚信地狱的确实存在，也从未阻止过中世纪的基督徒们照着野心、欲望、贪婪行事。肺癌、交通事故、数百万酗酒者那悲惨的、折磨人的事实，甚至比但丁时代里地狱的事实更加确定，但所有这些事实都是遥远的、脆弱的，无法与当下那近在咫尺的、实际可触的放松、休息、来一杯、抽一口相提并论。

我们这个时代，首先是一个汽车和人口膨胀的时代。酒精与道路安全格格不入，而生产酒精和生产烟草一样，致使数百万英亩最肥沃的土壤变得颗粒无收，就像给土地下了毒咒。毫无疑问，要解决酒精和烟草引起的问题，依赖禁令是不行的。同样，面对普遍的、始终存在的自我超越的欲望，靠关闭当下最为流行的那些“墙上之门”也是无济于事的。唯一合理的政策在于开辟另一些更美好的大门，期待引导男男女女们放弃旧有的坏习惯，转而培养新的、更无害的习惯。其中一些新的、更美好的大门，本质上理应是社会化的、科技化的；另一些理应是宗教的、心理学的；还有一些理应是饮食的、教育的、运动的。但是，为了逃避难以忍受的自我和令人厌恶的环境，毋庸置疑，人类对化学制品提供的“悠长假期”的需求将始终存在。因此，人类需要的应该是一种新的药物，它可以给人类这个深受折磨的族类带来安慰、放松，短期而言为人类带来好处，长久而言则并不会给人类带来伤害。

这样的药物，务必要用微小的剂量带来强烈的效果，而且可以化学合成。假如没有这些特质，那么生产出这样的药物就像现在生产葡萄酒、啤酒、烈酒、烟草一样，对人类生产不可或缺的食物或纤维植物产生消极影响；这样的药物，必须远没有鸦片和可卡因那样的毒性，也不大可能比酒精或巴比妥酸盐制造更多令人厌恶的社会问题，也不像焦油、尼古丁那样对心脏和肺部造成毒害。在积极的层面上，它却能对人类的意识产生种种影响，比单纯的休息、梦境、放纵、自命全能的幻觉，更能给人带来乐趣和本质上的价值。

对于绝大多数人来说，麦司卡林近乎无害。它不像酒精，并不会使服食者陷入那种不受控制的行动状态，也就不会导致打架斗殴、暴力犯罪和交通事故。在麦司卡林的影响之下，人会很安静，不会惹事。而且，服用者关心的事情是一种最具启发性的体验，却不需要付出宿醉的代价——这自然很重要。但是长期服食麦司卡林后会有什么影响，我们暂时还所知甚少。至于那些食用佩奥特掌的印第安人，就其习惯来看，似乎并无生理和道德堕落的迹象。然而，目前能得到的证据仍然很少，而且大抵是概括性的。虽然很明显麦司卡林远胜可卡因、鸦片、酒精、烟草，但它仍然不是最理想的药物。大多数的麦司卡林服食者愉快地体验到世界被美化，但仍然有一小部分服食者却因此窥见到了地狱或炼狱。此外，作为一种像酒精那样要被大众消费的药物，其药效持续的时间实在太长，非常不便。幸亏化学和生理学在今日足够发达，几乎能做一切事情，如果心理学家、社会学家定义出何为理想的药物，那么人们可以信赖神经学家、药物学家，他们能发现制造那理想药物的办法，或至少（因为照事物本性而言，或许这种理想药物永远都不能完全制造出来）生产出某种东西，相比昔日的贪杯，今日的纵饮威士忌、抽吸大麻、吞咽巴比妥酸盐等，要更加接近于理想的药物。

我前面曾有提及，渴望超越自我是灵魂的一个主要追求。但是，当男男女女们因各种原因，通过拜神、慈善、灵修并未能达到超越自我的目的时，那么，他们便倾向于寻求宗教的化学替代品：在现代的西方，人们找到的是酒精和镇静剂；在东方，是酒精和鸦片；在伊斯兰世界，是印度大麻；在中美洲，是酒精和大麻；在安第斯山区，是酒精和古柯；在当今南美洲较发达的地区，则是酒精和巴比妥酸盐。菲利普·德·菲利斯在《毒药神圣，熏醉天恩》一书中，用大量资料详尽地描绘出自古以来宗教与服药行为之间的关联，现在，我将概括或者直接引用他的结论。

为宗教目的而使用有毒物质，“其实非常普遍……本书研究的这类现象，在世界的每一个宗教中，而且不管是在原始人还是在达到高度文明状态的人类中，都有所表现。因此，我们面对的并非偶然现象，可以堂而皇之地视而不见；相反，我们面对的乃是一个最广泛意义上的人类现象，任何人想研究宗教，想弄明白这现象究竟能满足人类何等深层次的需求，都不能忽略它。”

理想地说，任何人都能够在某种形式的或纯粹或实用的宗教中发现自我超越的途经。然而真实情况是，这种理想的圆满状态似乎永远不可能实现。毫无疑问，永远都会存在一些卓越的男信徒、女信徒，可惜很不幸，单单虔诚是不够的。G.K. 切斯特顿[①]早先描述饮酒时，至少其抒情的语调很像是在描述宗教的献身，此人可以作为这类善男信女雄辩的代言人。

工作中的切斯特顿
（G. K. Chesterton）

除了新教教派中有部分例外，其他现代教派对酒精都采取默许的态度；然而，即使最为宽容的教派，也不曾尝试将毒品引入基督教之中，或将其加入圣餐礼。而那些虔诚的酒徒，则被迫在一个小房间中履行其宗教信仰，却在另一个小房间中享用那宗教

① 吉尔伯特·基思·切斯特顿（Gilbert Keith Chesterton，1874—1936），英国作家、世俗神学家、诗人、哲学家、戏剧家、记者、雄辩家、文艺批评家、传记作者、基督教护教者。

的替代品。或许这是难以避免的。只有在那些不拘礼数的教派中，酗酒才被作为圣餐的一部分[①]。希腊人崇拜狄厄尼索斯[②]，凯尔特人崇拜他们的啤酒之神，其场面热闹并且混乱；而基督教的仪式是绝不能容纳任何烂醉如泥的场景发生的（即使出于宗教需要）。如此一来，酿酒商人并不受什么损失，倒是基督教颇受消极影响。不计其数的人们原本渴望着自我超越，原本也能在教堂中愉悦地发现超越的可能性。但是，哎，“饥饿的羊儿抬头望，果腹的食物在何方？”[③] 他们参加仪式，他们倾听布道，他们反复祷告，但是他们的饥渴从未得到满足。失望之中，他们转向了酒瓶。至少在一段时间内，酒以一种特定的形式满足了他们。人们仍会进入教堂，但它不过是好比巴特勒[④]的小说《乌有之乡》里面所描绘的那个“音乐银行”；人们仍将承

古罗马时期的狄厄尼索斯（Dionysos）雕像

---

① 正统的圣餐礼中，基督徒只饮一小杯葡萄酒或葡萄汁，并不酗酒。

② 狄厄尼索斯（Dionysos），希腊神话中的酒神。

③ 出自17世纪英国著名诗人约翰·弥尔顿（John Milton，1608—1674）的长诗《利西达斯》（*Lycidas*）。

④ 塞缪尔·巴特勒（Samuel Butler，1835—1902），维多利亚时代著名的讽刺作家，其最著名的作品是乌托邦主义的讽刺杰作《乌有之乡》（*Erewhon*）和一部半自传体小说《众生之路》（*The Way of All Flesh*）。

塞缪尔·巴特勒
（Samuel Butler）

《乌有之乡》（*Erewhon*）首版封面

认上帝，但这个上帝，只存在于字词的维度，严格来说只具有匹克威克式的意义。实际的崇拜对象乃是酒瓶，唯一的宗教体验只存在于第三杯鸡尾酒下肚之后的那种状态：不受约束、勇猛好斗、欢喜鼓舞。

如此一来，我们可以看到，基督教和酒精并未交织在一起，也不可能交织。基督教和麦司卡林看起来倒更和谐一些。从得克萨斯州远至威斯康星州，众多的印第安部落已经证明了这一点。人们发现，在这些部落中，在仙人掌教[①]的许多团体中，主要仪式很像早期基督教的爱筵[②]，仪式上，人们将佩奥特掌切成片来享用，代替面包和葡萄酒作为圣餐。美洲印第安人视仙人掌为神赐的礼物，将其药效等同于神圣精神的作用。

J.S. 史罗金教授[③]是极少数曾参加过仙人

① 仙人掌教（Native American Church），又称乡土美洲教会、佩奥特教，美国本土宗教，合并了印第安传统和基督教传统，其圣餐中包括了具有致幻作用的佩奥特掌。

② 爱筵（Agape），又称友爱餐会、团圆筵，指早期基督徒为了表示弟兄姊妹间的情谊所举办的会餐、筵席、聚会。

③ J.S.史罗金（J. S. Slotkin，生卒年不详），曾任美国芝加哥大学的人类学教授。

掌教集会仪式的白人，他曾向崇拜他的伙伴们如此说道：“印第安人显然并未呆若木鸡，也没有烂醉如泥……他们不像那些醉鬼或蠢货，从不走调，也从没有吐字不清……他们都很安静、谦逊、体谅他人。在任何白人家庭的宗教仪式中，我从来没有看到过如此虔诚的情感和端正的礼仪。”也许我们会问，那么这些虔敬的、彬彬有礼的仙人掌教徒们到底体验到了什么？既不是支撑着礼拜日常去教堂的普通信徒度过无聊的90分钟的那种平和的美德，甚至也不是受创始者、救世主、审判者、圣灵等想法激励而在虔信者心中涌起的高昂情绪。对于这些美洲印第安人，他们的宗教经验是某种更直接、更具启发和自发性的东西，而浅薄的、自我为主的心智所具有的那种粗俗之物则很少。根据史罗金教授搜集的报告，有时印第安人看见幻象，或许是我主基督的形象；有时他们则听到神的声音；有时他们感知上帝的在场，并发现要执行上帝的意志他们需要改正的个人缺点。以这种化学的方式打开进入“他世界”的大门，从实际结果来看，似乎全然是良性的。史罗金教授还报告说，经常服用佩奥特掌的信徒，总体而言比那些不服用佩奥特掌的人更勤奋、更温和、更和善，其中许多人甚至完全抛

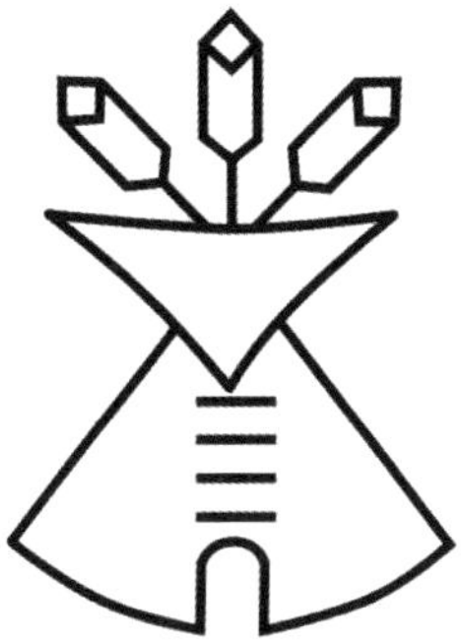

仙人掌教的徽章图腾

弃了酒精。仙人掌教的印第安信徒们在圣餐仪式上享用佩奥特掌，他们所做之事，在当时而言对人的心理是有良性作用的，从历史的角度而言，也是值得人尊敬的。在基督教的早期发展历史中，许多的异教仪式和庆祝活动等于洗礼，也就是说，被移用来服务于教会的目的。这些热闹的活动不见得有什么教化的价值，但它们缓和了一定程度上的心理饥饿感，因此，早期的传教士们并未试图废止它们，还很聪明地予以接受，承认它们为灵魂基于基本欲望所做的自我满足的表达，并将之吸纳进新宗教的结构之中。美洲的印第安信徒所做的，在本质上与之类似，他们也采取了一种异教的风俗（很偶然，这一风俗比许多源自欧洲的异教形式那种粗俗狂欢和哑剧具有更高的启蒙价值），并赋予它一种基督教的意义。

虽然仅仅是在最近才被引入美国北部，但食用佩奥特掌的风俗和以此为基础的宗教，却逐渐变成了红种人具有独立灵性权力的象征。一些印第安人面对白种人的统治，应对之法是"美国化"，另一些印第安人却转而退入印第安传统之中；但还有一些，却试图充分利用两个不同的世界（实际上是所有的世界），亦即印第安传统最好的部分和基督教最好的部分，以及超越经验中所知的"他世界"（在这些世界中，灵魂意识到自身是无限的，具有类似神圣的本质）最好的部分。仙人掌教因此诞生。在此教派，灵魂的两个最大需求（一是独立自主，二是自我超越）融合在一处，并以第三个需求为其提供诠释，此第三个需求，亦即崇拜的需求，向人见证上帝之道的需求，以统一理论解释宇宙的需求。

> 看啊，可怜的印第安人，心灵何其天真
> 只知遮掩前身，却将屁股露个底儿朝天①

但是，其实将屁股露得精光的人，却正是我们这些富足的、受过高等教育的白人！我们以某种哲学（基督教的、马克思主义的、弗洛伊德学派的，等等）来遮掩我们前面的羞处，然而我们的屁股却直对狂风。环境一变，风则改变，不能自主。相反，那些可怜的印第安人却有着相当的才智，以无花果树叶②保护他们的屁股，这无花果树叶，就是由其超越的经验而织成的神学短裤。

我还没有蠢到将麦司卡林或其他药物（经过调制的，或在未来可以调制的）影响之下所发生的一切等同于人类生活的终极意义——诸如思想澄澈、真福直观——的实现。我所暗示的是，服食麦司卡林的经验正如天主教的神学家所鼓吹的“免费恩惠”，对

---

① 出自于英国18世纪伟大诗人、启蒙主义者亚历山大·蒲柏（Alexander Pope，1688—1744）于1734年出版的书信集《人论》（*An Essay on Man*）。

② 典出《圣经·旧约·创世记》，亚当以无花果树叶遮羞。

人得拯救并非必要，但却有助于人；如果能获得此经验，则应当感恩戴德地接受。

摇落日常感知之窠臼，有数小时的时光能窥见外部、内在世界——不是像执迷于存活的动物那样去窥见，也不是像被词语、概念缠绕的人那样去窥见，而是依靠“自由心智”直接地、无条件地去理解——这样的经验对于每个人都具有无限的价值，尤其是对知识分子。

因为按照定义，对于知识分子来说——借用歌德的话：“词语本质上是丰盈的”，知识分子感到“我们以眼感知的一切，就其本身而言，对于我们是陌生的，并不必给我们留下深刻的印象。”然而，作为一个知识分子，而且是一位最卓越的语言大师，歌德本人却并不总是与他对语言的评价保持一致。在中年时他写道：“我们谈话，谈的实在太多了。我们应该少说话，多画画。我本人宁愿彻底抛弃语言——像有机的自然界一样，与万物的交流悉数呈现于画面。那是无花果树，这是一条小蛇，茧悬挂于我的窗台安静等待自己的命运，凡此都是重要的信息。能正确解读其意义的人，就能迅速彻底地抛弃语言与书写。我越是思考语言的问题，越觉得语言中存在某种无用、平庸、甚至（恕我直言）愚蠢的东西。与语言相比较，当你在荒山和古丘陵的废墟前，当你专心致志，面对面地直观到地球的重力、自然的平静，你将何其震撼啊！”

我们永远不能抛弃语言和其他符号系统，正是因为它们，也只有依靠它们，人类才将自己提升到动物之上，达到人之为人的水平。但是，我们既因这些系统而受益，却也可以轻易地因它们成为受害者。我们一定要学会如何更有效地使用语言，与此同时，我们亦务必要保护、加强（如有必要）自己直观世界的能力，不再依赖那种半透明的概念媒介，因后者会扭曲每一既定事实，将之化为人们太过熟悉的某种一般性标签或抽象说明。

无论是文学还是科学，无论是全才还是专才，我们所受的全部教育都是由语言占据主导地位，因此，我们也就无法完成理应做成的事。我们未能将孩童教育成全面发展的成人。学习自然科学的学生们，对自然作为人类经验的主要事实竟毫无所知；而全世界学习人文学科的学生，则无不感觉到折磨，他们其实对人性一无所知——无论是对他们自己的，还是对别人的。

格式塔心理学①的专家们，比如萨缪尔·伦肖②，已经设计出一些手段用来扩展人类感知的范围，提升人类感知的敏锐性。但是，我们的教育工作者们使用过这些手段吗？答案是：没有。

在训练人类生理—心理技术的每一个领域，从网球运动、走

① 格式塔心理学（Gestalt）是1912年源于德国的一种心理学流派，该流派要求从完全形态的角度研究人类的感知现象，而不是分析感知现象的组成部分。

② 萨缪尔·伦肖（Samuel Renshaw, 1892—1981），美国心理学家。

钢丝到祈祷，教练员们不断实验，不断纠错，发现了在相应领域内达到最佳训练效果的条件。但是，是否有任何伟大的基金会，曾经资助过任何一项旨在将人类的经验统合为一种通用理论和更高创造性实践的计划吗？据我所知，答案依然是：没有。

所有的狂热信徒和思想怪胎传授各种各样提升人类健康、满足感、心灵平静的技术，对于这些人的许多听众来说，其中许多技术被证明为很有效。但是，我们是否看到过受人尊敬的心理学家、哲学家、神学家们勇敢地爬入那诡异的、有时是恶臭的枯井呢？而井底常常居住着那受贬至此的可怜的真理？然而，答案再一次是：没有。

现在，我们再来看麦司卡林的研究史。70年前，第一流的才智之士曾描述过服食麦司卡林后的超越经验，当时的服食者身心康健，状态适宜。对此，又有多少哲学家、神学家、教育家会有好奇之心，想去打开那“墙上之门”？事实上，答案也是：没有。

在由语言主导的教育体系下，受过高等教育的人们发现自己几乎不可能对词语、概念之外的任何事物予以严肃、专一的关注。总是有金钱的因素，总是有博士学位的因素，使得这些博学的蠢货去研究那些对学者们来说最为重要的问题：谁影响了谁，谁说了什么，什么时候说的。甚至在今日的科技时代，由语言主导的人文学科仍备受推崇，至于那些非语言性的人文学科，诸如能直接感知人类存在的既定事实的各种艺术，几乎完全被忽略了。

一份目录、一份书目、一种三流诗人的诗歌原本[①]的限定版本、一个终结所有索引的超级索引——凡此真正深奥的研究计划，必然受到青睐，得到资金的支持。但是，那些研究如何提升你我以及我们子孙的洞察力，使之更强烈地领会内在和外部的现实，以更开放的态度面对“精神”，减少因心理疏忽而导致的身体不适，增强控制自身植物神经系统的能力——凡此类非语言形式的教育，尽管比那种瑞典式的肌肉体操[②]更具根本价值（某些方面可能也更具实用价值），然而，在任何真正受人敬重的大学和教堂里，没有任何真正受人推崇的人物为这类教育做过任何努力。咬文嚼字之辈对非语言满是怀疑，唯理主义者则恐惧于那些给定的、非理性的现象，知识分子则感到“我们以眼（或其他方式）感知的一切，就其本身而言，对于我们乃是陌生的，并不必给我们留下深刻的印象。”此外，这类非语言的人文学科教育在僵化的教育窠臼中难觅位置，它们可不是宗教、神经学、体育、道德、公民学，甚至也不是实验心理学。既然如此，那么为了学院和教会的利益，则可视这类教育不存在，可以放心地视而不见，而那些信奉传统语

① 原文为拉丁语，*ipsissima verba*。

② 此处阿道司·赫胥黎暗讽的是瑞典女子体育专家、女权运动者玛蒂娜·贝里曼-奥斯特贝里（Martina Bergman-Österberg, 1849—1915），她曾在英国创办体育教师学院，并在英国推广瑞典式体操，将其作为学生的课程。

言之道的法利赛人[①]，便以屈尊俯就的微笑，将这类教育扔给他们鄙弃为怪人、冒牌货、江湖骗子和业余菜鸟之辈去打理。

布莱克曾经痛彻心扉地写道："我总是发现，纵使天使亦难免浮夸，他们谈起自己，竟自认为是唯一的智者。他们的作为显出骄傲，而这傲慢根源于系统性的推断。"作为种群，或者作为个人，我们有时可能不得不采用系统性推断的办法；然而，假如保持足够的清醒，我们就要明白，我们可能同样不能离开对内在世界和外部世界（我们出生的世界）的直接感知，而且这种直接的感知越不系统越好。内在世界和外部世界是既定的现实，它是无限的，超越人类所有的认知，然而却允许人类直接感知，可以说人类甚至能完全理解它。它是一种超越，属于另一种维度，在人类之上；然而，它却可能以一种可以感知的"内在性"允许人类通过参与来领会，以此向人类显现。受它的启蒙，人类总能理解在它那内在的"他性"中，存在着完整的现实；虽然有这样的认知，但人类依然如此生存：像动物般延续生命，像人一样去思考、感受，在方便之时寻求系统性的推断。

我们的目标是，发现自己永远身处我们理应身处之所。很不

① 法利赛人（Pharisees），耶稣时代一重要的犹太宗派。据《新约》记载，法利赛人虽然注重律法，在犹太人中有很高的地位，但却严重教条化，自以为义，曾被耶稣多次责备。这里代指教育界身居高位的"老顽固"。

幸，我们却因为自身的原因，特别难以完成这项任务。好在“免费恩惠”亦同时并存，总有人在转瞬间完成一部分的任务。在一个比我们更注重实际，同时更少地唯语言系统独尊的教育体系中，每一个天使（按布莱克对这个词的理解）都将得到类似安息日盛宴的机会，受鼓励，或者甚至被强行要求（如有必要）服食化学药品，奔赴一场穿越“墙上之门”的偶然之旅，以此进入超越性的经验的世界。假如这使他害怕，自然是很不幸的，但这却可能对他有益；假如这给他带来虽短暂却永恒的觉悟，那就更妙了。无论是在何种情况下，天使们或许将丢失一点点源于系统性推断的骄傲，也将抛却读书万卷的自满。

托马斯·阿奎那

（St. thomas Aquinas）

在生命的尾声阶段，阿奎那[①]体验到了“倾注的静观”（Infused Contemplation），此后便拒绝去完成那些未写完的著作。与“倾注的静观”相比，他所阅读过的一切、争论过的一切、书写过的一切——诸如亚里士多德和其“警句”、“发问”、“命题”、宏伟的“结论”，不过是糟粕糠秕。对于绝大多数的知识

① 托马斯·阿奎那（Thomas Aquinas，1225—1274），意大利多明我会修士、天主教神父，中世纪欧洲经院哲学领域最具影响力的哲学家、神学家、法学家，绰号“天使博士”。

分子而言，阿奎那这种静坐罢工的态度并不可取，在道德上甚至都是错误的。但是，这位“天使博士”一生经营于“系统性推断”，比十二位天使所做的“系统性推断”都要多，此时他已面临死亡，在其生命最后的数月时光里，他已然为自己赢得了权利，离开那不过是糟粕糠秕的符号系统，转身品尝那真实的、本质的“真相”面包。对于层次较低的天使们，他们有着长寿的前景，也就必然会返回到糟粕之中；然而对于一个曾经穿越过“墙上之门”又返回的人来说，此时的他与旧日的自我，永远都不再是同一个人了。他将变得更智慧，却少了许多独断；他将变得更快乐，却少了许多自满；他将变得更谦卑，承认自己的无知，却也会准备得更充分，然后去理解词语与万物之间的关系，去理解系统性的推断与深不可测的“神秘之境”之间的关系——前者虽努力不已想要理解后者，但却永远徒劳无功。

天堂与地狱

Heaven and Hell

在科学发展史中，标本采集者的出现早于动物学家，却晚于自然神学家和魔术师。根据《动物寓言集》[①] 诸位作者的意见，蚂蚁是勤奋的化身，美洲豹令人甚为惊讶地成为了基督的象征，臭鼬则是耸人听闻的纵欲狂。这种研究动物的态度后来自然被标本采集者舍弃了。但是，标本采集者不过是一个初级意义上的生理学者、生态学者或动物行为学者，主要关心的是调查统计，还有猎捕、杀戮、剥皮以及描绘所能染指的动物，越多越好。

我们的心智正如百年前的地球，仍然有黑暗至极的非洲、未在地图上标注的婆罗洲[②] 和亚马逊盆地[③]。谈到这些地方的动物种

---

① 《动物寓言集》(*Bestiary*)，一种以动物为主角的故事集，源出于古代，在中世纪的欧洲尤其流行，通常是以插图本的形式出现，描绘各种飞禽走兽，甚至石头的故事，一般故事后会附加道德教训。

② 婆罗洲，世界第三大、亚洲第一大岛屿，位于东南亚，横跨马来西亚、文莱、印尼三个国家。

③ 亚马逊盆地，又称亚马逊平原，是南美洲的亚马逊河及其支流所流经之处，盆地与平原地形兼具。

群，人类尚不能称自己为动物学家，只不过是博物学家和标本采集者；虽然叫人遗憾，但我们不得不接受这个现实，并且充分利用它。不管工作层次何等低下，标本采集工作必须要去做，直到我们能够进行到更高层次的科学研究工作：分类、分析、实验，以及创设理论。

居住于我们心灵较深之处的那些生物，自然不可能是像长颈鹿、鸭嘴兽之类的动物；然而，心灵较深之处却真实存在一些东西，人们已经观察到它们，任何人如果想诚实地探究自己所生存的世界，对这些东西就不能视而不见。

谈论精神性事件是困难的，几乎是不可能的，除非从人类更为熟悉的物质宇宙中提取一些比喻，再曲折地予以表达。假设我用了地理学、动物学的暗喻，那绝非仅仅因为我对生动的语言情有独钟而玩弄文字，而是因为这样的暗喻非常有力地表达出了在心智深处的大陆上，那本质上的“他性”的存在，以及其上“居民”那纯粹的自治和自足。一个人，由两部分组成，一是个人意识，或许我会称之为“旧世界”；二是与这“旧世界”隔海[①]相望的众多“新世界”。这些“新世界”包括：并非太过遥远的弗吉尼亚州

① 此处及后文用美国作为比喻。“隔海相望”的“海”，指的是大西洋；弗吉尼亚州、卡罗莱纳州位于美国东部；后文中的“中西部”也特指美国的中西部；所谓的“另一个更辽阔的大海”，则指的是太平洋；所谓的“对跖点”，指的是澳大利亚。

和卡罗莱纳州（它们位于个人的潜意识和生魂[1]之中）；广大的中西部（它位于个人的集体无意识中），充满象征性的植物群，寄居其上的部落有着丰富的原型；再越过另一个更辽阔的大海，则还有一个“幻象经验”的世界（它位于个人日常意识的对跖点）。

倘若你前往新南威尔士州[2]，你将发现有袋类动物们在乡下雀跃前进。倘若你前往人类自我意识的对跖点，你将遭遇到所有奇异的生物，其怪异程度至少等同于袋鼠。正如袋鼠不是你创造的，这些奇异的生物也不是你创造的，它们完全独立自主地过着自己的生活。不要想去控制它们，你唯一能做的，不过是四周望望，看看这片等同于澳大利亚的精神国土上的奇异风景。

有些人一生都不能意识到自己的对跖点，另外一些人偶尔会光顾其对跖点，还有一些人（但是他们的数量很少）在其对跖点上来去自如。对于那些研究心智的博物学家和心理样本的采集者来说，首先要发现某种安全、容易、可靠的运输方式，可以将研究者和其他人从“旧世界”运送到“新世界”，从遍布着人人熟悉的奶牛、马匹的大陆运送到满是奇异袋鼠和鸭嘴兽的大陆。

方法有两种。虽无一种是完美的，但对于那些知道如何使用

---

① 中世纪的人们将生活中的有机物体分为三种灵魂形态：生魂（vegetative soul，或译为生长的灵魂）、觉魂（sensitive soul，或译为感觉的灵魂）、智魂（rational soul，或译为理智的灵魂）。

② 新南威尔士州，位于澳大利亚东南部。

这两种方法的人来说，两者都足够可靠、容易、安全。第一种方法，依赖化学药品（不管是麦司卡林还是麦角酸）的帮助，灵魂被运送至遥远的目的地。第二种方法，所用工具本质上是一种心理学手段，即通过催眠术使人抵达自己心智的对跖点。这两种方法能将意识带至同样的地方；而药物效果更强，能将旅客运送更长的路程，送达更深的未知之地[①]。

那么，催眠术是如何，又是为何能起到这般效果的呢？对此我们并不知道。然而，对于我们现在要达到的目的而言，我们也无需知道答案。当下，我们必须要做的事情，便是记录一些进入催眠状态的人身上发生的一切，这些人被运送到了心智的对跖点，在那里，他们发现了奇异的心理生物（类似海那头的袋鼠），它们依其生命的规律，自得其乐地存在着。

我们对麦司卡林的生理作用略有所知，或许（我们尚不能确定），它会影响酶系统，后者是控制大脑功能的。如此一来，大脑作为聚焦我们这个星球之上人类种种生活问题的工具，其功能被削弱了。我们或许可以称之为大脑生物效率降低，这似乎导致了某些精神事件进入人的意识之中，这些精神事件原本无助于人类的生存，通常被人的意识所排斥。但当疲劳或疾病来袭，意识之中或许也会闯入一些类似的东西，它们在生物学上毫无用处，但在美学

① 见附录一。

上，有时在精神上却自有其价值；禁食或被囚禁于某个暗无天日、彻底寂静的地方一段时间，或许也会在意识中产生此类东西。[①]

即便在麦司卡林或麦角酸的影响之下，只要被一次性注射大剂量的烟酸，人的幻想就会停止。这有助于解释禁食何以会导致人产生幻觉，因为禁食降低了糖的摄取量，也就降低了大脑的生物效率，使得无助于生存价值的东西进入意识成为可能。此外，禁食使人体的维生素缺失，人血液之中的烟酸也就流失，而烟酸的俗称恰恰是幻象抑制剂。另一种幻象抑制剂，便是那普通的、日常的感性经验。实验心理学家发现，如果将人约束于某个“限制性环境”里，无光，无声，无味，再将此人放入一个温水的浴缸，让他只能碰触一件几乎无法感觉到的东西，那么他将很快开始“看见”、“听见”，同时体验到奇怪的身体感觉。

密勒日巴尊者（Jetsun Milarepa），唐卡

居于喜马拉雅山洞穴之中的密勒日巴尊者[②]和底比斯的隐士

① 见附录二。

② 密勒日巴尊者（Jetsun Milarepa，约1052—约1135），被公认为西藏最有名的瑜伽修行者和诗人之一，是藏传佛教噶举派的代表性人物，著有《十万歌集》。

们[①]，遵循的是同样的过程，亦得到基本相同的结果。有关圣安东尼[②]受试探的成千幅画作，见证了禁食和“限制性环境”对人的影响。禁欲主义，有其双重的动机。如果男男女女折磨自己的身体，那并不仅仅因为他们希望为所犯的过错赎罪，以此避免未来的惩罚；同样也是因为他们渴盼能踏上心智的对跖点，观览到幻象之景。根据自身经验，根据其他苦行者的记录，他们知道禁食和居于“限制性环境”中将使他们前往那梦寐以求之地。他们那自我折磨的苦行，或许是荣登天堂的大门——或许也是深陷地狱的通道（关于这点，我们会在后文中讨论）。

以旧世界常住民的眼光来看有袋类动物，自然感觉它们稀奇古怪。然而，古怪与随机毕竟不一样。袋鼠和小袋鼠也许不像真实的动物，但它们的怪异性却不停重复，且遵循着可被认知的规律。居住于心智较深之处的那些心理生物也同样如此。人在麦司卡林的影响下，或处于深度催眠状态中，所遭遇的经历必定很怪异，但这种怪异性却呈现出某种规律，遵循某种模式。这一模式

---

① 此处所指的是由基督教第一位隐士底比斯的保罗（Paul of Thebes，约227—约342）所引起的一场基督教隐修运动。保罗曾在底比斯的沙漠中隐居超过九十年，底比斯是古代埃及的一座大城市，被古希腊大诗人荷马称为“百门之都”，城四周都是沙漠。公元4世纪，许多基督徒都选择在底比斯的沙漠里隐修。详见巴里·斯通所著的《隐士的生活》第2章（秦传安译，中央编译出版社，2012）。

② 圣安东尼（Saint Anthony，约251—356），又称埃及的安东尼、沙漠的安东尼、底比斯的安东尼、僧侣之父，长期在埃及的沙漠中隐修。据称在早期的隐修生活中，他在一个洞穴里连续十五年承受魔鬼对他的攻击和诱惑。

米开朗琪罗《折磨圣安东尼》
Michelangelo - *The Torment of Saint Anthony*

会对人的幻象经验产生怎样的共同特征呢？

首先，也是最重要的，人们会看到光。那些踏上心智对跖点的人，觉得万物都明亮耀眼，而且似乎它们都是从内部发光。所有色彩也被强化，远超人在正常状态下看到的色度；与此同时，人类心智辨析色差的能力也得到显著提升。就这一点而言，幻象经验与日常梦境之间存在显著差别。绝大多数梦是没有色彩的，或者仅仅有部分色彩，或者色彩非常淡。相反，在麦司卡林和催眠影响之下所见的幻象，色彩却总是异常明亮，甚至可以说这种明亮的色彩感是超自然的。卡尔文·霍尔[①]教授曾经搜集了数以千万计的梦境，他告诉我们说三分之二的梦境都是黑白的。“只有三分之一的梦境是彩色的，或者仅有一点点色彩。”有些人的梦境完全是彩色的；有一些人却从来没有做过彩色的梦；大多数人偶尔做彩色的梦但更多时候他们的梦是黑白的。

霍尔教授写道：“我们得出结论，梦境的色彩并不泄露做梦者的个性信息。”我赞同这个结论。梦境与幻象中的色彩不会告诉我们被观察者的个性，正如外部世界中的色彩也缄默不语一样。七月的花园一眼看过去，色彩明媚，我们会感知阳光、花朵、蝴蝶的存在，却甚少或者不可能因此而感知我们自身的信息。以此类

① 卡尔文·施普林格·霍尔（Calvin Springer Hall, 1909—1985），美国心理学家，精通梦的解析。

推，在幻象或一些梦境中，我们所见的明亮色彩会告诉我们心智的对跖点处有何等样的动物群，但却不会说出任何有关居住在我称之为“旧世界”的心智的个性信息。

绝大多数梦都与做梦者的私人愿景和本能冲动有关，也与这些愿景、冲动因受到良心的反对或恐惧于舆论而内心挣扎相关。心理内驱力与冲突的情况，以充满戏剧张力的符号表现出来，在绝大多数的梦境中，这些符号是黑白的。怎么会出现这种情况？我假设，这是因为只要能达到相应效果，符号并不需要让自己艳丽多彩。好比我们用文字描述蔷薇，而文字却不必是红色的；也正如我们叙述彩虹，用的却是墨水笔配白纸；此外，课本上的插图，都是线雕法，用的是半色调的图版，而这些黑白的配图和图表，仍然有效地传递着信息。

对于清醒的意识来说足够有效的方法，对于个人潜意识来说显然也足够有效，因此，潜意识通过黑白的符号传达意义也就合情合理了。色彩倒像是现实的点金石。给定的事物是彩色的，但创造符号的人类智力和幻想所拼凑的世界却是黑白的。因此，外部世界在人的感知而言便是彩色的；而梦境并不是给定的，而是由个人的潜意识构造，所以通常便成为黑白的。（值得注意的是，在绝大多数人的经验中，颜色最为亮丽的梦境，是关于风景的，风景是无戏剧张力的，无需用符号表达冲突，因而有关风景的梦仅仅是向意识传达一个给定的、非人类的事实。）

原型世界的诸种形象都是符号性的，但是既然我们作为个体并未发明它们，而是在集体无意识中发现它们“在那儿”，那么它们至少会表现出一定的现实特征，也就会显出彩色。心智对跖点之处的“居民”们并非符号，而它们的存在是自足的，因此就像外部世界的给定事实一样，它们也是彩色的——实际上，它们可比外部“数据”的色彩强烈得多。这一现象，或许可以部分地得到解释，即我们对外部世界的感知习惯性地被词语和观点遮蔽——这是我们的思维方式造成的。我们一直在尝试将事物转变为更容易辨认的抽象符号——这是人类的“伟大”创造。可惜如此一来，人类却将事物的原有本性劫掠殆尽。

在心智的对跖点上，我们或多或少地完全抛弃了语言，亦已远离了概念思维系统。因此，我们感知幻象物体时，保留了它们的新鲜和它们完整裸露的强度，这些经验从未经过语言，也从未纳入死气沉沉的抽象系统。于是，它们的色彩（这是它们成为给定事实的标志）也就焕发而生，其明亮夺目，看去似乎是超自然的，因为这些色彩是完全自然的存在。所谓的完全自然，指这样的色彩完全没有被人类的语言、科学、哲学、实用主义的概念所搅乱，而人类，通常正是借助语言和概念，照着人类那索然无趣的形象，重新创造了那个给定的外部世界。

爱尔兰诗人 A.E. 在他的《幻象之烛》一书中曾以非凡的敏锐分析他本人的幻象经验。他写道："当我冥想，我能感觉到充斥我周遭的思想与图像所反射的是我的性格；但同时灵魂亦开有窗户，透过窗户，可见那些非人类的、源于神圣想象的图像。"

"恒星天文学之父"威廉·赫歇尔爵士

（Sir William Herschel）

语言习惯将我们引入谬误。举个例子，当我们说"我想象"，其实我们的正确表述应该是"卷起窗帘，好让我可以看到"。无论是自发产生的，还是通过外物诱导出现的，幻象从来不是我们的私人财产，庸常的自我所拥有的记忆中，并无这些幻象的位置。人们所见的幻象之物是全然陌生的。威廉·赫歇尔爵士[①]曾经说过："那儿没有任何东西是我们最近见过，甚或想过的。"幻象中出现的面孔，绝非朋友或熟人的面孔，要知道，我们已然远离"旧世界"，正在探索心智的对跖点呢。

赫歇尔夫妇正在为一架望远镜的镜片抛光

① 威廉·赫歇尔爵士（Sir William Herschel，1738—1822），英国天文学家、作曲家，出生于德国，因为发现了天王星而晋身天文学名人堂。

无棒螺旋星系 NGC 2683 由威廉·赫歇尔爵士于 1788 年发现

对于绝大多数人，在绝大多数时间里，日常的经验世界似乎相当单调和黯淡；然而对于少数人来说，经常性地（也有更多人是偶然性地），幻象经验的明亮之光流溢而出，可以说照亮了他们的日常观感，于是，日常小天地被美化了；虽然仍然可以辨别出“旧世界”，但现在它却显出心智对跖点的特质。日常的世界如何被美化，可以看如下一段极其典型的描述。

“我坐在海边，一边听着一位朋友激烈地争辩着什么事情，但那不过令我烦恼。不知不觉间，我凝望着手上的一层沙子，突然间，我看到每一粒沙子都显出精致的美，它们不再是迟钝之物，相反，却呈现完美的几何图形，有着锋利的棱角，反射出一道道明亮的光——于是，每一颗沙粒晶亮如彩虹……光线交叉穿越，显出如此之美的图形，美到令我窒息……突然间，我意识的内部也被照亮了，一切都活泼地呈现在我眼前：整个宇宙都由某些物质颗粒组成，不管这些物质颗粒看起来何等迟钝、了无生气，此刻却沐浴在这浓稠而鲜活的至美之中。也就是片刻的时间，整个世界似乎变成一束荣耀之火，当这火焰渐渐黯淡下去，留给我的，却是一生难忘的印象，它一直提醒我，在我们身边的每一颗微粒之中都锁藏着无穷之美。”

乔治·拉塞尔也曾写道，他看到世界被“一道世人无法忍受的明光”点亮，他发现自己凝望着“美如失落的伊甸园的风景”，亦见到一个“色彩更其明亮、纯粹，却透出柔和、融洽”的世界。他还写道，“风儿闪烁着穿越峡谷，如火的光，如金刚石般清澈，又如猫眼石般绚烂多姿。我知道，黄金时代就在我身边——其实它从未离开，是人自己蒙昧了双眼，不去看它。”

让 - 约瑟夫 · 绪兰
（Jean-Joseph Surin）

还有许多相似的描述，出现在一些诗人的笔下，出现在宗教神秘主义的文学作品中。举例而言，我们会想到华兹华斯的诗《颂歌：忆幼年而悟不朽》①，还有乔治 · 赫伯特②、亨利 · 沃恩③的某些抒情诗，特拉赫恩的《世纪冥想》④，以及绪兰神父⑤自传中的某些段落，在这些段落中，绪兰描绘了一所与世隔绝的女修道院，并将其神奇地转化为一个小天堂。

① 《颂歌：忆幼年而悟不朽》（*Ode: Intimations of Immortality from Recollections of Early Childhood*），是华兹华斯创作于1804年的一首长诗。有黄杲炘译本，见《华兹华斯抒情诗选》，上海译文出版社，1986年。

② 乔治·赫伯特（George Herbert，1593—1633），英国诗人、雄辩家、英国牧师。

③ 亨利·沃恩（Henry Vaughan，1621—1695），威尔士作家、医生、玄学派诗人。

④ 托马斯·特拉赫恩的《世纪冥想》（*Centuries of Meditations*），是后人于1908年为他编辑出版的一部著作。

⑤ 让 - 约瑟夫·绪兰（Jean-Joseph Surin，1600—1665），法国耶稣会修士、神秘主义者、传教士、宗教作家、驱魔人。有关他的故事，参见阿道司·赫胥黎的另一部著作《卢丹的恶魔》。

在所有的幻象经验中，超自然的光和色彩很常见，同时还伴随着人对更高意义的识别。我们在心智的对跖点所见到的那些自发光的事物，所蕴含的意义可以说像色彩一般浑厚。而此意义与存在是一体的，这是因为在心智的对跖点，事物不代表别的，而只代表它们本身。在人的集体无意识这一较近的领域里出现的图像，其意义与人类经验的基本事实相关；然而在那里，在幻象世界的极点，人类所撞见的事实却独立于人（与个体的人、集体的人都没有关系）而自足地存在，就像外部世界的既定事实一样独立于人。它们的意义正在于此，因它们强有力的独立自主性，使它们成为宇宙的既定性、非人之“他性”的显灵。

光、色彩、意义，不能单独存在，它们必须通过改变事物，或是通过事物来显现。那么，在绝大部分的幻象经验中，是否有某些特别种类的事物尤为常见呢？答案是：有。无论是服食麦司卡林、催眠，抑或是自发产生的幻象，总有某些种类的知觉经验是一次又一次重复出现的。

服食麦司卡林和麦角酸之后的典型现象是，人们开始感知到彩色的、移动的、活泼的几何形状，并迅速由纯几何变成凝固物，于是，幻想者看到的不再是图形，而是有形状的物体，诸如地毯、雕刻品、马赛克等；此后，这些物体又变成巨大的、结构复杂的建筑，屹立于风景之中，并不停变形，变得越来越厚重，越来越绚烂，越来越宏伟；然后，或许会有英雄般的人物——布莱克称之为“六翼天使”——显身，也许是孤独一人，也许是成群出现；于是，神奇的动物在这场景中穿梭。凡此一切都是新鲜而美妙的。而幻想者过去几乎从来没有看见过任何与其有关的事物，因此，他不是在回忆风景、人物、物体，也并非创造它们，他只是凝望着一个新创造出来的世界。

这个新创世界的原材料，由人的日常视觉经验提供；但是将原材料糅合成形，绝非幻想者本人的杰作，而是另有其人。这人原本就有很多经验，或许这人在以后会回想并思考这些经验。引用J.R.斯迈西斯[①]在其发表于《美国精神病学杂志》[②]的一篇论文里的说法，这些新创之物是“某个高度分化的心理领域的杰作，它与牵涉到幻象的具体个人的目的、兴趣、情感没有任何明显的情绪或意志上的联系。”

现在，引用（或者说概述）一下威尔·米切尔的文字，他服食了佩奥特掌（麦司卡林的自然提取源），得以被送至那个幻象世界。在进入此世界时，他看见一大群“星星点点”，看起来就像是“彩色玻璃的碎片”；接着“精致的彩色薄膜漂浮而来”，然后“数

① 约翰·雷蒙德·斯迈西斯（John Raymond Smythies, 1922— ），英国神经系统科学家、神经系统哲学家。

② 《美国精神病学杂志》（*The American Journal of Psychiatry*），始创于1844年，现为月刊，美国精神病学会的会刊。

不尽的白光斑点极速喷发”，横扫视野。此后，非常明亮的彩色线条呈“之”字形迂回前进，不知何故又变为膨胀的云朵，有着更加明亮的色彩。于是，建筑物冒出来了，接着是风景。他看到一座精心设计的哥特式塔楼，门廊或石雕斗拱上的雕塑已被磨损。“当我凝望之时，每一个突出的棱角和飞檐，甚至是石头相互连接处的截面，都逐渐被似乎是巨大宝石般的物体所覆盖，或有宝石悬挂其上……凡我所见的一切，似乎都内聚着光芒。”随后，哥特式塔楼又消失了，由一座大山取而代之，其悬崖高到不可思议；还见到一只巨大的石雕鸟爪；而在深渊上横空蔓延着无穷无尽的彩色帷幔，迎风招展，还有更多宝石璀璨涌现，如花盛开。最终，他看见一幅绿色和紫色的波浪撞碎在沙滩上的景象，“散发出如波浪一般色调的无数光芒。”

麦司卡林服食者的每一段经验，催眠状态下人们心中涌起的每一种幻象，都是独一无二的；但所有的幻象都可以清晰地归为同一类。风景、建筑物、集聚的宝石、发光的精致图形，浸入超自然的光、色彩、意义的氛围，凡此一切，都成了心智对跖点的构造之物。何以如此，我们并不知晓。但无论喜不喜欢，我们只能接受这些生硬的经验现象，正如我们不得不接受袋鼠存在的现实。

暂不去管这些幻象经验，我们且来看看保存在文化传统中有关“他世界”的资料，这些“他世界”，乃是神、幽灵或原初纯洁之人所居住的世界。

阅读这些资料，我们立刻被震撼了，因为幻象经验与传说和宗教中提及的天堂、仙境之间居然有一种巨大的相似性。诸如超自然的光、超自然强度的色彩、意义，这些特征在所有的“他世界”中都出现了。事实上，无论在何处，这超自然的、意义非凡的光芒所照耀的是一种超越之美的景色，美到言语根本无法描述；或者，这光芒本身即源于这风景。

在希腊罗马的传统中，我们看到了美丽的金苹果圣园[1]、极乐世界[2]、白岛[3]——阿基琉斯移葬于此。门农[4]则去了另一个灿烂的岛屿，位于东方某处。奥德修斯和佩内洛普[5]则往西航行，最终在意大利与喀尔刻[6]女神一起，同享长生不老。比奥德修斯所住还要

① 金苹果圣园（Hesperides），希腊神话中由宁芙女神（Nymph，水泽仙女）掌管的一座花园，位于世界的西端。

② 极乐世界（Elysium、Elysian Fields或Elysian Plain），希腊神话中为死者预留的一块沃土，根据荷马的说法，此地位于地球的西极。

③ 白岛（Fair Island of Leuke），据说位于多瑙河河口，是希腊大英雄阿基琉斯（Achilles）葬身之所。

④ 门农（Memnon），根据希腊神话，此人为埃塞俄比亚国王，黎明女神厄俄斯（Eos）之子，在武功方面，与阿基琉斯齐名；他带领军队来帮助特洛伊军队，但被阿基琉斯所杀。

⑤ 奥德修斯（Odysseus），希腊神话传说中的人物，是希腊西部伊塔卡岛之王，曾参加特洛伊战争，献木马计里应外合攻破特洛伊。后历经多年返回家园，与忠贞的妻子佩内洛普（Penelope）团聚。荷马为其写史诗《奥德赛》。

⑥ 喀尔刻（Circe），希腊女神，精通巫术，传说是太阳神赫利俄斯（Helios）之女，她惯于用巫术将人变成动物，奥德修斯在返航途中即曾遭其毒手，但后来她爱上奥德修斯，助其返乡。

往西，就是福人岛[①]，此岛最先是由赫西奥德[②]在诗篇中提及，晚至公元1世纪，人们对它的存在依然深信不疑，因此，塞多留[③]曾打算派遣一支小型舰队，从西班牙出发去探寻此岛。

类似的魔幻般的可爱岛屿，亦在凯尔特的民间传说中出现；而与凯尔特遥遥相对的世界另一端——日本，其民间传说中也出现过这样的岛屿。在极西的阿瓦隆[④]和极东的蓬莱岛[⑤]之间，则是北俱芦洲[⑥]——印度佛教徒们的一个“他世界”。《罗摩衍那》[⑦]一书中提到，“此地为湖水浇灌，金莲耀目。河流成千，无量树叶，皆如蓝宝石与天青石；湖泊则辉煌华丽如朝阳，栽种着红色莲花的花圃镶嵌在岸边；四处的乡村，铺满了珍珠宝石，而蓝色莲花

---

① 福人岛（The Islands of The Blest，或Fortunate Isles），传说中位于大西洋某处的一群岛屿，四季如春，是希腊神话中英雄们死后居住的人间天堂。

② 赫西奥德（Hesiod），与荷马同时期的古希腊诗人。

③ 昆图斯·塞多留（Quintus Sertorius，约公元前122—前72），罗马共和国后期著名将领，公元前83年任西班牙总督，后遭罗马当政者迫害，逃亡非洲。公元前81年返回西班牙，组织军队，与罗马当政者进行了旷日持久的战争，后被暗杀。

④ 阿瓦隆（Avalon），凯尔特族传说中的西方乐土岛。

⑤ 蓬莱岛原是中国的概念，但为日本所普遍应用。

⑥ 北俱芦洲（Uttarakuru），也音译为郁单越、郁怛罗、郁多罗鸠留、嗢怛罗矩噜等，是佛教传说中四大部洲（另包括东胜神洲，西牛贺洲和南瞻部洲）之一。Uttarakuru，意为高胜、福地。《阿含经》称：“北面有洲，名郁单越，其地纵广十千由旬，四方正等。”《阿毘昙论》说：“地方高大，定寿千岁，无诸苦，常受乐，胜余洲，故名高胜。”北俱”芦洲地多山，山侧有诸园观浴池，共有四个游乐苑，即善现苑、普贤苑、善华苑、喜乐苑。

⑦ 《罗摩衍那》，意为罗摩的历险经历，与《摩诃婆罗多》并列为印度两大史诗。作者是印度作家蚁垤，此书在印度文学史上被称作“最初的诗”，在世界文学史上也占有着崇高的地位。此书主要讲述了阿逾陀国王子罗摩和他妻子悉多的故事。

则栽种于艳丽的花圃中，花瓣是金色的。河岸并非由沙土构成，而是由珍珠、宝石、黄金铺就，岸上则种植着火焰般明亮的黄金之树。这些树永远结着花朵和果实，散发出芬芳，栖息着万鸟。”

我们可以看到，北俱芦洲的景象与有着服食麦司卡林经验之人所见的富有宝石的风景甚为相似。而宝石这一特点，在几乎所有宗教传统中的“他世界”里都普遍存在。每一个天堂，都有宝石，或至少有类似宝石的物品——威尔·米切尔将之形容为“透明的果实”。举个例子，我们看一下以西结[1]笔下的伊甸园。“你曾在伊甸神的园中，佩戴各样宝石，就是红宝石、红璧玺、金钢石、水苍玉、红玛瑙、碧玉、蓝宝石、绿宝石、红玉和黄金……你是那受膏遮掩约柜的基路伯……你在发光如火的宝石中间往来……”[2]

米开朗琪罗《以西结》
Michelangelo - *Ezekiel*

至于佛教徒的天堂，则装饰着类似的“发光如火的宝石”。看，净土宗的天堂如西方的天堂一般被金银、绿玉围绕，其间的湖泊则映带着宝石的两岸，璀璨的莲花接天无穷碧——便是在这样的天堂里，菩萨们端坐着，

① 以西结（Ezekiel），希伯来先知，《圣经·旧约·以西结书》的作者。

② 见《圣经·旧约·以西结书》28章。

荣登宝位。

在描绘自己的"他世界"时，凯尔特人和日耳曼人甚少提及宝石，他们较多提及的是另外一物，也如宝石般美妙，便是玻璃。在威尔士人的传说中，有一个至福之地，人称"旖旎斯唯纯"（Ynisvitrin），意即"玻璃之岛"；日耳曼人的亡者国土之中，有被称为"格拉斯伯格"（Glasberg）的，令人想起《启示录》里的玻璃之海（Sea of Glass）[①]。

绝大多数的天堂中都有建筑存立，如同前述的树、水、山、田，这些建筑也都镶饰着宝石，明媚照眼。且看我们都很熟悉的新耶路撒冷，"墙是碧玉造的，城是精金的，如同明净的玻璃。城墙的根基是用各样宝石修饰的……"[②]

在印度教、佛教、伊斯兰教的末世论文学著作中，都可以看到类似的描述。天堂永远都布满了宝石，为什么呢？若是那些以社会学、经济学作为参照系来思考人类行为的人，大抵将给出如下答案：因为地球上宝石太少啦，因为只有太少的人才能拥有它们啦，所以，那些劳苦大众的代言人为了补偿大家，便在其幻想的天堂中铺满宝石。毫无疑问，这一"空中楼阁"的假想，还是有其道理在的；但是它却不能解释宝石为何会被认定为最重要、

① 见《圣经·新约·启示录》15章："我看见仿佛有玻璃海，其中有火搀杂。又看见那些胜了兽和兽的像，并它名字数目的人，都站在玻璃海上，拿着神的琴……"

② 见《圣经·新约·启示录》21章。

最珍贵的物品。

人类在寻找、挖掘、切磋那些彩色的鹅卵石上花费了巨量的时间、精力和金钱，这又是为什么？对这种异想天开的行为，实用主义者们可就给不出任何答案了。但是，只要我们考虑到幻象经验中的种种现象，一切就可以水落石出。在幻象经验中，人的视觉感知到一种丰富的存在，对此，以西结称之为“发光如火的宝石”，而威尔·米切尔则将之形容为“透明的果实”；这些东西是自发光的，呈现出一种超自然的明亮色彩，蕴含一种超自然的意义；而“他世界”中这些视觉性的发光体，在“此世界”上能找到的与之最为近似的物体，便是宝石。因此，若在“此世界”拥有一块宝石，等于在“他世界”中掌握了某种珍贵物品，其珍贵性之所以得到保障，是因为此物居于“他世界”之中。

否则，就无法解释人对宝石何以怀有如此难以言表的激情，也无法理解人何以将一些治疗疾病上的、魔术上的功效归因于宝石。我确信，这条因果链始于幻象经验中“他世界”对人的心理影响，“他世界”降临到人世，忽而又升至神学上的天堂——仍然是一个个“他世界”。由此而论，《斐多篇》[1] 中苏格拉底一些话的

---

① 《斐多篇》，古希腊哲学家柏拉图（约公元前427 —前347）的代表作之一，这部对话体著作的主人公是柏拉图的老师苏格拉底（公元前469 —前399），主要讨论的是“理念”、有限与无限的关系、灵魂与死亡等问题，此文最后描述了苏格拉底之死的场景，被称为“西方文学史上最伟大的死亡”，苏格拉底按看守的要求，平静地喝下毒药，告别世界，步入不朽。

意义就焕然一新了。他说，在物质世界之上、遥远之处，存在一个理念的世界，“在那个世界，色彩更其纯粹、明亮，远胜我们所居住的地球……那里的山与石头，也更其光彩照人，其透明性、色彩饱满的程度，亦更加惹人怜爱。地球这个低等世界里的宝石，诸如众人极其珍视的红玉髓、碧玉、翡翠，以及其他一切宝石，只比得上那个世界里石头的微末碎片。要知道，在那个世界里，任一块石头，其珍贵性与美丽程度都远胜地球上的所有宝石。”

也就是说，宝石之所以珍贵，是因为它们与人在幻象之中所见的发光奇迹物有一点相似。柏拉图说：“那个世界的风景，皆存于至福的观察者的想象中，”因为，看见事物“本来的面目”是天赐之福，是纯粹的完美，是不可言表的。

但是，对于那些对宝石或玻璃一无所知的人，他们所见的天堂，就并非由矿物质来装饰，而是靠着花朵。

较为原始的“末世论”信奉者曾经描绘说，在绝大多数的“他世界”中，都有超自然的明亮花朵盛放，甚至在后来更加先进的宗教所宣扬的由宝石或玻璃装饰的天堂中，依然为花朵保留了位置。请想一想在印度教和佛教传统中莲花的地位；再去想一想，在西方传统中，蔷薇和百合的地位吧。

“耶和华神在东方的伊甸立了一个园子”[①]，这句话表达了一个

① 见《圣经·旧约·创世记》2章。

耶罗尼米斯·博斯《伊甸园》
Hieronymus Bosch - *Garden of Eden*

心理学上的真理。园艺学有其渊源——至少是它诸多渊源中的一个——那就是，它源于“他世界”中人类心智的对跖点。信徒们将鲜花奉献于圣坛，其实是将原属于神灵的物归还，因他们知道，或者（假如他们并非有幻象经验之人）隐约地觉得，鲜花是天堂所固有的。

返回渊源可不仅仅是象征性的，它也能成为直接经验的一种。从我们寄居的“旧世界”旅行至它的对跖点，也就是从“此处”旅行到“彼岸”，其道路其实是双向交汇的。举个例子，宝石来自于灵魂在幻象中所见的天堂，但它们也可以引领灵魂返回那个天堂。冥想着宝石，人发现自己被传送（照这个词的字面意思）至柏拉图对话录中描述过的那种“他世界”之中，在那神奇的所在，每一颗鹅卵石都是宝石。或许冥想其他物品也能产生相同的效果，诸如玻璃、金属制品，黑暗中燃烧的小蜡烛，色彩丰富、明亮耀眼的图像和装饰品，花儿、贝壳和羽毛，在黄昏、落日那美轮美奂的光芒中摇曳的风景——如雪莱①从尤根尼亚群山②下望所见的威尼斯。

不错，倘若我们宣称，无论是在自然之中，还是在艺术作品之中，凡是与人类在心智的对跖点所碰到的那些意义稠密、内在光亮之物有任何相似的物品，尽管其相似性是偏颇的、狭窄的，却都应该能唤起我们对幻象经验的回味——这种说法未免有泛泛而谈的危险。但是催眠师会提醒我们，如果能诱使一个病人深深地凝望一件发光的物体，那么病人将陷入催眠状态。一旦进入催眠状态，或者只要他陷入冥想之中，就极有可能看到内在的幻象，同时且能在外部看到一个被美化的世界。

但是，让我们弄清楚，一件发光的物体，何以就能引人进入催眠或冥想的状态呢？是否正如维多利亚时代③的人们所坚称的那样，不过是眼部疲劳导致了通常意义上的神经衰弱？或者，我

---

① 珀西·比希·雪莱（Percy Bysshe Shelley，1792—1822），英国著名浪漫主义诗人，被认为是历史上最出色的英语诗人之一。

② 尤根尼亚山，位于意大利北部的丘陵，海拔300至600米，离帕多瓦（意大利帕多瓦省的省会城市）仅数里之遥。雪莱写有《尤根尼亚山中抒情》（*Lines Written Among the Euganean Hills*）一诗。

③ 维多利亚时代（Victorian era），它的时限常被定义为1837年—1901年，即维多利亚女王（Alexandrina Victoria，1819—1901）的统治时期，这一时期的大英帝国走向了世界之巅。

们是否可以用单纯的心理学概念来解释这种现象——过分专注导致孤独臆想遂至精神分裂？不过，还有第三种可能的解释。发光物体或许能使我们在不知不觉中唤起对心智对跖点曾享受的一切的回忆，虽然发光物乃是对“他世界”中生物的含糊不清的模仿，但它们是如此迷人，以至于我们对当下的世界不再有太多关注，也就因此得以自觉地去体验另一维度的事物——虽然我们不曾意识到，它们其实一直陪在我们身边。

由此可见，在自然之中，某些场景，某些种类的物体，某些材质，拥有将观察者传送至其心灵对跖点的魔力，亦即远离日常的“此处”，而到达幻象的“他世界”。在艺术领域，我们亦看到类似现象，某些作品，甚至某些特定种类的作品，很明显也具有相同的传送魔力。这些具有幻象诱发力的作品，是要靠具有幻象诱发力的材料（如玻璃、金属、宝石或类似宝石的颜料）来创作的；在另外一些情况下，如果作品以某种特别的表现方式来描绘那些具有传送魔力的风景、物体，也能达到相同作用。

最具幻象诱发力的作品，是由那些本身具有幻象经验的人所创作的；但是任何足够出色的艺术家，只需参照成功的范本，也可能创造出至少具有某些传送魔力的作品。

在所有最彻底地依赖原材料，因而具有幻象诱发力的艺术品之中，少不了金匠和珠宝匠的作品。抛光的金属和宝石从本质上就具有传送魔力，甚至维多利亚时代（或者是法国新艺术[1]时代）的随意一件珠宝，都是魔力之作。如果在这种自然发光的金属和自发光的石头的魔力之外，再加上高贵的形式和色彩的魔力，并艺术地将之融合在一起，那么我们将因艺术品而拥有一件现实可触的法宝。

宗教艺术随时随地都在利用这些具有幻象诱发力的原材料。黄金的神殿、金和象牙制作的雕塑、镶嵌宝石的符号或图像，闪闪发光的祭坛，凡此种种，下到如今的欧洲，上至远古的埃及、印度、中国、希腊、印加[2]、阿兹台克[3]，无地不有。

金匠的艺术作品，本质上是超自然的，它们居于每一片神秘领土、每一处至圣之所的核心地带。这神圣的珠宝，永远与灯光、烛光联系在一起。对以西结来说，一块宝石便是一团火般的石头[4]。相对地，一道火焰亦是一颗活生生的宝石，拥有宝石全部的传送魔力，以及较低层次上属于抛光金属的全部魔力。火焰的传送魔力与周边环境中黑暗的深度和广度成正比。最令人难忘的神

---

① 新艺术（Art Nouveau），主要流行于19、20世纪之交的法国的一种艺术风格，在建筑、实用美术，尤其是装饰艺术领域曾经风靡一时。

② 印加帝国（The Inca Empire），是哥伦布发现美洲大陆之前，存在于美洲的最大的一个帝国，帝国首都是库斯科，位于今秘鲁南部。1572年，随着西班牙人的入侵，该帝国土崩瓦解。

③ 阿兹台克（Aztec），位于墨西哥中部的一个原始族群，从14世纪到16世纪，该族群控制了中美洲的大部分领土，建立了自己的几个帝国。1521年，西班牙入侵者荷南·科尔蒂斯（1485—1547）征服了这个帝国政权。

④ 见《圣经·旧约·以西结书》28章。

圣礼拜堂的玻璃窗

圣庙宇，无非是微光的洞穴，在庙宇中，数枝蜡烛使得祭坛上那些具有传送魔力的、超凡脱俗的宝物们生命焕发。

与自然的宝石相比，玻璃的幻象诱发效果一点都不逊色。其实，在某些条件下，它的效果还更明显。原因很简单：玻璃在这个世界上更多。多亏了玻璃的作用，一座建筑（比如圣礼拜堂①、沙特尔大教堂②、桑斯大教堂③）能一变成为某种神奇的、具有传送

① 圣礼拜堂（The Sainte-Chapelle），中世纪一座哥特风格的皇家礼拜堂，位于巴黎市中心，建成于1239年左右，被认为是哥特建筑的最高成就之一。

② 沙特尔大教堂（Chartres Cathedral），中世纪一座哥特式教堂，位于巴黎西南80公里之外的沙特尔市，被称为法国哥特式建筑的优雅典范，被联合国教科文组织认定为世界文化遗产，主体建筑完成于1194年到1250年间。

③ 桑斯大教堂（Sens Cathedral），位于法国东部勃艮第的桑斯市，最早的哥特式建筑之一，从12世纪开始，修建一直断断续续，一直到16世纪才完工。

沙特尔大教堂的玻璃窗

桑斯大教堂的玻璃窗

保罗·乌切洛《基督复活》
Paolo Uccello - *Resurrection of Christ*

魔力的东西。多亏了玻璃的作用，保罗·乌切洛[①]可以设计出一件圆形的珠宝，直径达到13英尺——即那名为《基督复活》的巨大玻璃，它是具有幻象诱发力的作品中最为非凡的一件。

保罗·乌切洛
（Paolo Uccello）

对中世纪的人来说，很明显，幻象经验具有至高无上的价值，珍贵无比。因此，当时的人们愿意用辛苦赚来的钱去购买它。在12世纪，捐款箱就摆放在教堂里，因为彩色玻璃的安装和维护需要钱。圣·丹尼斯修道院的院长苏格[②]告诉我们说，这些箱子永远都是满着的。

典型的纯灰色画，
画家未知《希律王见东方三博士》
Unknown Artist - *The three Magi before Herod*

但是，别指望有自尊的艺术家们会继续做他们的父辈已经做到最好的那些事情。在14世纪，彩色让位给了纯灰色画[③]，玻璃不再

① 保罗·乌切洛（Paolo Uccello，1397—1475），意大利画家、数学家，他对绘画的透视技术做出了重要贡献。下文提及的彩色玻璃作品《复活》，镶嵌于佛罗伦萨大教堂。

② 苏格（Suger，约1081—1151），法国人政治家、历史学家、修道院院长，是哥特建筑最早的赞助人之一。圣丹尼斯修道院是他曾任职的一所修道院。圣丹尼斯是位于法国巴黎北郊的一座小镇。

③ 纯灰色画（Grisaille），一种主要依靠单色（尤其是灰色）作画的艺术风格，最常见于大型装饰画，模仿的乃是雕塑。这一技巧在欧洲一直都存在。

苏格的圣杯

成为诱发幻象的原材料。而到了15世纪晚期，彩色再度流行，玻璃画匠们充满渴望，而且同时也具备相应的技术，以模仿文艺复兴时期绘画的透明性，模仿结果往往很是有趣，可惜并没有传送的魔力。

宗教改革来临了。新教徒们反对幻象经验，他们觉得经文本身就富有力量。在窗明几净的教堂内，礼拜者们可以阅读圣经和祈祷书，不必担忧自己因受到诱惑而抛弃布道，以致遁入“他世界”之中。在天主教方面，反宗教改革的一帮人发现自己左右为难，一方面认为幻象经验很不错，另一方面却也相信印刷文字的至高价值。

在新建的教堂中，已经很少安装彩色玻璃了，而许多老教堂内的彩色玻璃，全部或者部分地被拆除，以透明玻璃取而代之。明亮的光线使虔信者专心于经文的阅读，同时也可以看看新流行的巴洛克艺术[①]的雕塑和建筑——这些作品也能诱发幻象。这些具有传送魔力的新作品，乃是由金属、抛光的石头所制作的。无论礼拜者目光转向哪里，他都会发现青铜在闪光，彩色的大理石光芒四射，洁白的雕像不染纤尘。

---

① 巴洛克(Baroque)，是一种代表欧洲文化的典型艺术风格，欧洲人最初用这个词指“缺乏古典主义均衡性的作品”。作为一种艺术形式的称谓，它是古典主义者在16世纪下半叶在意大利发起来的，在17世纪的欧洲普遍盛行，是背离了文艺复兴艺术精神的一种艺术形式。

典型的巴洛克艺术，乔凡尼 巴蒂斯塔·高里《耶稣得胜的名》
Giovanni Battista Gaulli - *Triumph of the Name of Jesus*

在一些很罕见的案例中，反宗教改革的人们以玻璃做原材料，也只是为了替代钻石，而不是为了替代蓝宝石或红宝石。在17世纪，多面棱镜进入宗教艺术中，在天主教的教堂中，它们被悬挂在难以计数的枝形吊灯上，直到今天它们还在人们的眼前摇晃。（这些迷人的、略微有些荒唐的装饰品，也是伊斯兰教所允许的具有幻象诱发力的少数装置。要知道，清真寺中并无画像或圣物箱，但是无论如何，在近东地区的清真寺中，还是镶嵌着具有传送魔力的洛可可风格[①]的水晶饰品，其光亮有时能缓解寺中的清苦氛围。）

典型的洛可可艺术品

暂且抛开玻璃（不管是彩色玻璃还是正常切割的透明玻璃），让我们来探讨那些高度抛光的大理石和其他石头，它们得到了广泛运用。通过为了获得这些石头所耗费的时间和精力，我们可以

① 洛可可（Rococo）艺术是18世纪产生于法国、遍及欧洲的一种艺术形式或艺术风格，盛行于法王路易十五（1710—1774）统治时期，因而又称作“路易十五式”，该艺术形式具有轻快、精致、细腻、繁复等特点。

看出人们对它们有多么迷恋。例如，在巴勒贝克[1]，以及再往内陆延伸两三百英里的帕尔米拉[2]，人们发现在废墟之中有许多粉色花岗岩的柱子，而这些花岗岩竟来自阿斯旺[3]。这些巨大的独石，是从埃及采集，用驳船沿着尼罗河运送，渡过地中海，又被拖至比布鲁斯[4]或特里波利斯[5]，又从这些地方启程，或以牛和骡子拉车，或直接以人力拉车，越过山丘，到达霍姆斯[6]，然后从霍姆斯出发，一路往南，抵达巴勒贝克；或往东穿越沙漠，抵达帕尔米拉。

这是何等大的工作量啊！只有巨人才能完成得了啊！而且，从实用主义的角度看，这浩大的工程既不可思议，也毫无意义！然而实际上，它自然还是有意义的，只不过这意义只与宗教有关，与实用无涉。抛光的石头散发出幻象般的光芒；蔷薇色的柱子，则声明自身与“他世界”亲密无间的关系。以巨大的努力，人们将这些北回归线附近采石场里的石头运送过来，于是，作为补偿，

---

① 巴勒贝克（Baalbek），黎巴嫩东北部一城镇。

② 帕尔米拉（Palmyra），位于今日叙利亚境内，是一座非常古老的城市，最早可以追溯到新石器时代。在亚述帝国的记录和《圣经》中都提及过该城。

③ 阿斯旺（Aswan），埃及最古老的城市。

④ 比布鲁斯（Byblos），地中海古城，位于今天的黎巴嫩境内，建城历史据称可以追溯至公元前3800年，曾为腓尼基古国的殖民城市，现为联合国教科文组织认定的世界文化遗产。

⑤ 特里波利斯（Tripolis），位于今天的黎巴嫩境内，建城历史可以追溯至公元前十四世纪。

⑥ 霍姆斯（Homs），古城名，位于今叙利亚境内。公元前1世纪，此城开始出现在历史记载中。

这些石头便将那些半路上的运输者传送至心智的对跖点，进入幻象的世界。

谈及陶瓷时，实用主义与高于实用主义的动机之间再次起了纷争。生活中很少有什么东西比锅碗瓢盆更有用，更不可或缺。但与此同时，也几乎没有人比那些瓷器和釉陶的收藏者更与实用主义无关。称这些人对美有一种爱好，这个解释尚不足以服人。漂亮的陶瓷通常陈列于普通而丑陋的环境之中，这一证据足以证明陶瓷的拥有者所追求的并非它们呈现出的所有美感，而仅仅是其中一种很特别的美感，亦即温柔地散发光泽的釉彩在圆滑光洁的器具表面呈现出的那种弯曲的反射之光。一言以蔽之，这一种美，或隐或显地提醒凝望者，它很像是“他世界”中那超自然的光亮和彩色，于是，凝望者便被传送到“他世界”之中。基本上说，陶工的艺术是世俗的艺术，但这世俗的艺术却拥有无数的信徒，他们对此艺术有着近乎偶像崇拜般的尊敬。然而有时候，这一世俗的艺术也服务于宗教：清真寺中（还有各地的基督教堂中）出现了釉面瓦的身影；在中国，神灵和圣人的形象也披上釉彩，焕发陶瓷之光；在意大利，卢卡·德拉·罗比亚[①]为他那光辉的洁白圣母和幼年基督创造了一个蓝色釉光的天堂。

---

① 卢卡·德拉·罗比亚（Luca della Robbia，1399或1400—1482），意大利佛罗伦萨的雕塑家。

卢卡·德拉·罗比亚《圣母抱子》
Luca della Robbia - *Madonna col Bambino*

陶土要比大理石便宜多了，但若经适当处理，它几乎具有与大理石一样的传送魔力。

柏拉图，以及宗教艺术兴盛之后的圣托马斯·阿奎那都曾证明过，纯粹的、明亮的色彩乃是艺术美的本质构成。果真如此的话，那么马蒂斯[1]的作品在本质上比戈雅或伦勃朗的作品要更加高明。其实，任何人只要将哲学家的抽象概念改为具体的话语就会发现，如上所言的美的公式，实在荒谬极了。然而，这一神圣的公式虽则在理论上站不住脚，但它并非完全没有道理。

明亮的、纯粹的色彩，是“他世界”的特征。因此，以明亮的、纯粹的色彩创作的艺术作品，在合适的条件之下，就能将凝望者的心智传送到其对跖点的方向。明亮的、纯粹的色彩并非一般意

① 亨利·马蒂斯（Henri Matisse，1869—1954），法国著名画家，野兽派的创始人和主要代表人物，也是一位雕塑家、版画家。

亨利·马蒂斯《宫女与小红盒》
Henri Matisse - *Odalisque au coffret rouge*

亨利·马蒂斯
（Henri Matisse）

亨利·马蒂斯《水果和咖啡壶》
Henri Matisse - *Fruit and Coffeepot*

后人修复的普拉克西特利斯的雕塑作品

义上的美的本质构成，而仅仅是一种特殊种类的美（即幻象之美）的本质构成。哥特式教堂、希腊神庙、基督纪元之后第15个世纪的雕塑、基督纪元之前第5个世纪的雕塑，凡此种种，其色彩无不明亮。

对于古希腊人和中世纪的人来说，这种像是旋转木马和蜡像展览的艺术，显而易见具有传送魔力。对于当代人来说，它却似乎是可悲的。我们更愿意当代的普拉克西特利斯①的作品朴素无华，希望大理石和石灰岩赤裸本色。在这一点上，为何现代人的品位与古人相差如此之大？我猜这是因为现代人对明亮的、纯粹的颜料已经太过熟悉，以至于很难被打动。当然，当我们在一些宏伟或者精妙的作品中发现这些色彩时，我们还是深表欣赏的；但是对于色彩本身，它们却不再具有传送的

① 普拉克西特利斯（Praxiteles），公元前4世纪的希腊雕塑家，古希腊古典后期雕塑艺术的代表人物。

魔力。

古代那些多愁善感的恋人们将抱怨今日世界的单调无趣，并将不合时宜地拿出人类早年那光辉快乐的时代与今天对比。当然，从事实上而言，当今世界里色彩的泛滥程度远远胜过古代。在古代，天青色和帝紫色[①]是极其昂贵的稀罕色彩；衣柜中那奢华的天鹅绒和锦缎、中世纪和早期现代家庭中那编织的或手绘的门帘，凡此种种，只有少数有特权的人才能拥有。

甚至连当时的大人物们也很少拥有那些具有幻象诱发力的珍贵宝物。晚至17世纪，君主们拥有的家具也是极少的，因此，他们不得不用四轮马车装载着盘子、床罩、地毯、挂毯，从一座宫殿游历到另一座宫殿。至于普罗大众嘛，往往只有土布可穿，只有少数的植物染料可用；至于家里的装饰，最好的也就是一些矿物颜料，最差（这是绝大多数情况）的便是“石膏之地板、粪土之墙壁”。在每一个心智的对跖点，“他世界”都有着超自然的光、色彩以及完美的宝石、梦幻般的金饰。但是，那时世人的目光只能盯视着自家那阴暗、肮脏的小屋，盯视着村寨里那泥泞和灰尘的街道，盯视着褴褛败衣那脏兮兮的白色、褐色、鹅粪绿色。正

① 帝紫（Tyrian purple），音译为泰尔紫，是古罗马人从原产于地中海的贝壳类动物提取的一种紫色，因其制作艰难，产量稀少，因此，往往只有帝王之辈才能穿这种颜色的衣服。

因此，人们才会对明亮的、纯粹的颜色产生几乎拼命的渴望之情；也正因此，无论在教堂还是在宫廷，凡是展示这样色彩的地方，都能对人产生难以抗拒的吸引力。然而，时至今日，化学工业生产的涂料、墨水、颜料，种类难以计算，数量极其庞大。于是，在我们这现代的世界里，有足够数量的明亮颜料，用来刷印数以亿计的旗帜和连环画，或喷涂数以百万计的停车标志、尾灯、消防车、可口可乐罐子，或点染大到以平方公里计算的地毯、墙纸和非具象艺术作品。

熟悉孕育冷漠。在伍尔沃斯商店[1]里，现代人看过太多纯粹的、明亮的色彩，以至于不再觉得它具有内在的传送魔力。还需要注意的是，现代科技因其令人惊叹的能力，给世人提供了太多最好的产品，以至于开始贬低具有幻象诱发力的传统材料。举例来说，城市照明一度是件稀罕事儿，专为纪念胜利日、国家法定假日、封圣仪式、国王加冕仪式而进行。但是今天呢？每晚都灯火辉煌，而且，灯光竟是为了宣扬杜松子酒、香烟、牙膏的种种美妙之处。

五十年前的伦敦城里，通电的高空广告牌极其罕见，它们在一片雾蒙蒙的黑暗中发光，“就像是项链上的大宝石。”横穿泰晤

① 伍尔沃斯商店（Woolworth's或Woolworth），全球零售业连锁巨头，最早以出售廉价商品发家，第一个店铺开设于1878年的美国纽约州。

士河，在老肖特塔[1]上，当年那金色的、红宝石色的字母像魔法般可爱，那可是“一个仙境”[2]啊！不过今天，仙女已然人去楼空，遍布城市的是霓虹灯，而且因为霓虹灯到处都有，它们对人就没有任何影响了，除了它们可能会使人对原始黑夜充满思乡病般的渴望。

只有在强光照明时，人类才能再度体验到那种神秘的意义；而在使用植物油和蜡的时代，甚至在使用煤油和碳灯丝的时代，在无边无际的黑暗中任何一个明亮的岛屿，都能散发出那种神秘的意义。在探照灯的照耀之下，巴黎圣母院和罗马广场变成幻象般的事物，具有将凝望者的心智传送至“他世界”的魔力。[3]

现代科技亦同样降低了玻璃和抛光金属的魔力，正如它对彩色小灯、纯粹明亮色彩所起的作用。对于使徒约翰和他的同时代人来说，玻璃墙实在只有在想象中的新耶路撒冷才有。至于今日，在任何最新的大楼和别墅里，玻璃墙是基本特征。与过量的玻璃形成对应的，是过量的铬、镍、铝、不锈钢，还有一大堆或新或旧的合金。现在，金属表面在浴室里向人类眨眼睛，在厨房的洗涤池中发亮，在穿越田野的汽车和火车中发光。

---

① 肖特塔（Shot Tower），此处所指的是位于伦敦泰晤士河南岸的朗伯斯制铅厂（the Lambeth Lead Works）的一座制弹塔，始建于1826年，于1951年拆除。

② 原文为法语。

③ 见附录三。

那些昂贵的金属凸面体反射的光芒曾经迷倒了伦勃朗，他从未敢尝试将之画入作品中；但如今它们却成为家庭、街道、工厂里司空见惯的事物。曾经罕见的快乐，曾经属于尖端之物，如今都被钝化磨平了。过去曾经是幻象之愉悦的一粒针尖，如今变成了一块无人在乎的油布。

到目前为止，我只是讲述了具有幻象诱发力的材料，以及现代科技对它们精神价值的贬低。此刻且让我们来思考一下那些纯粹的艺术手法——因为这些手法，具有幻象诱发力的作品才被创造出来。

弗拉·安杰利科
（Fra Angelico）

置身于黑暗的环抱之中时，人见到的光和色彩易于呈现出超自然的质地。安杰利科[①]所画的《十字架》（现藏卢浮宫），其背景是黑色的。安德烈亚·德尔·卡斯塔尼奥[②]为佛罗伦萨的圣阿波罗妮亚[③]修道院的修女们所做的壁画《耶稣受难》亦是如此。由此传达出

① 弗拉·安杰利科（Fra Angelico，约1395—1455），意大利文艺复兴早期画家。

② 安德烈亚·德尔·卡斯塔尼奥（Andrea del Castagno，约1421—1457），意大利画家。

③ 圣阿波罗妮亚（Santa Apollonia），基督教的一位少女殉道者，生活于公元2世纪上半叶。在埃及亚历山大港的一次骚乱中，因为对基督的信仰，而被暴民杀死，据说她所有牙齿都被粗暴地拔出来或被打碎。

那种幻象的强度，也就形成了这些非凡佳作那奇异的传送魔力。而在一个全然不同的艺术和心理语境之下，同样的技术也经常出现在戈雅的蚀刻版画作品中。那些飞翔的人，那匹被紧拉缰绳的马，那巨大的、鬼一般的“恐惧”——所有这些形象，似乎被强光照亮，而其背景则是难以穿透的黑暗。

弗拉·安杰利科《圣道明被钉十字架》
Fra Angelico - *Crucifixion with Saint Dominic*

随着明暗对照法的发展，在16、17世纪，黑夜不再是背景，而直接成为了画作的一部分，由此造成艺术作品中出现类似摩尼教[①]光明与黑暗之战的场景。当这些作品在创作之时，它们必然具有真正的传送魔力。然而，对于今天的我们来说，因为见过太过类似的东西，所以，这些作品中绝大多数看起来似乎仅仅是一种夸张罢了。然而，仍有一些

安德烈亚·德尔·卡斯塔尼奥《耶稣受难》（局部）
Andrea del Castagno - *Crucifixion*

① 摩尼教，又作牟尼教，发源于古代波斯萨珊王朝，为公元3世纪中叶波斯人摩尼所创立，受基督教与伊朗祆教马兹达教义所影响，是一种带有诺斯底主义色彩的二元论宗教。主要教义为“二宗三际论”，崇尚光明。摩尼声称自己是神的先知，也是最后一位先知。摩尼教在唐朝传入了中国，本土化的摩尼教被称为明教。

弗朗西斯科·戈雅《谚语系列第 13 幅：飞翔》
Francisco Goya - *Manner of Flying, plate 13 in Proverbs*

弗朗西斯科·戈雅《不同的标准》
Francisco Goya - *Disparate punctual*

弗朗西斯科·戈雅《战祸系列第 46 幅》
Francisco Goya - *Los desastres de la guerra, plate No. 46*

作品保留着自身的魔力，比如卡拉瓦乔的《基督下葬图》；乔治·德·拉图尔[①]也有一打神奇的画作[②]；而在伦勃朗所有的梦幻般的画作里，其中灯光与心智对跖点处的光具有同样的强度和意义，而其中的黑暗则具有丰富的可能性——等待机会变得真实并光芒四射地现身于人的清醒意识之中。

在伦勃朗绝大部分的画作中，表面的题材都取自于真实的生

① 乔治·德拉·拉图尔（Georges de La Tour, 1593—1652），法国巴洛克画家。
② 见附录四。

卡拉瓦乔《耶稣下葬图》
Caravaggio - La *Deposizione di Cristo*

米开朗琪罗·达·卡拉瓦乔
（Michelangelo da Caravaggio）

乔治·德拉·拉图尔《降生》
Georges de La Tour - *Newlyborn infant*

乔治·德拉·图尔《夜火下的抹大拉的马利亚》
Georges de La Tour - *Magdalen with the Smoking Flame*

活或者《圣经》，诸如一个接受教育的男孩，或沐浴的拔士巴，或一个妇人褰裳涉水，或基督面临审判。但是，偶尔也有时候，来自“他世界”的信息是由另一种主题来传达的，这一主题与真实的生活或历史无关，而是来自原型符号。在卢浮宫，悬挂着伦勃朗的《沉思的哲人》，其题材的象征性所指，不多不少，恰恰是人类的心智：在丰沛的黯黑之中，智慧与幻象之光刹那明亮，神秘的楼梯曲折上下，指向未知。而沉思的哲人枯坐于他那内在光明的小岛；与此小岛相对的另一端，在另一个蔷薇色的岛屿上，一位老妇人蹲伏在灶台前，火光照见她的脸，使她的脸升华。这一切的描绘都非常具体，却令我们看见了那不可思议的悖论和至高无上的真理：感知是（或至少能够是、应该是）等同于“启示”的，“真实”浮现于每一个露面的人和物，而“万有为一”完整地、无限地显现于所有的细节之中。

伴着超自然的光和色彩、宝石以及千变万化的图形，抵达心智对跖点的旅客们发现了一个高尚、美丽的风景世界，其中有活泼的建筑和英雄人物。许多艺术作品具有传送魔力，是因为作者所描绘的景色、人物、物体，能令观者想起（无论是意识到还是没有意识到）他在自己心智的对跖点所见的“他世界”的种种美妙。

我们可以从这些遥远领域中的人们——或说是超人类的居民

伦勃朗《桌前的提多》
Rembrandt - *Titus at His Desk*

伦勃朗《浴中拔士巴》

Rembrandt - *Bathsheba at Her Bath*

伦勃朗《苏撒拿与长老》
Rembrandt - *Susanna and the Elders*

伦勃朗《沉思的哲人》
Rembrandt - *Philosopher in Mediation*

伦勃朗《耶稣面对彼拉多》
Rembrandt - *Christ Before Pilate*

谈起，布莱克称呼他们为“六翼天使”。实际上，毫无疑问，在每一个宗教的神学体系中，人类与“澄澈之光”之间都存在使者，而“六翼天使”就是这些使者的心理学本源。在幻象经验中出现的这些超人类的居民，他们“不做事”。（与之相似，天堂中的至福者也“不做事”。）他们仅仅因自己的存在而心满意足。

这些英雄人物，出现于人类幻象经验之中的人，其实在人类所有文化的宗教艺术中都有现身，只不过名字不同，所穿的服饰也多有变化。有时，他们显出安静的样貌；有时，却又在历史与神话中活动自如。但我们先前已经看到，心智对跖点的居民们并不天然地热衷于运动。让自己忙碌，是当世之人的习惯；而他们的习惯则是无所作为。倘若我们强使这些严肃的陌生人在太过人类化的戏剧中表演什么角色，那我们是在远离幻象的真实。因此，最具传送魔力（虽然不一定是最美丽）的“六翼天使”现身之时，都保持其与生俱来的习性——不做一事。

这可以解释人在欣赏伟大的宗教艺术杰作（都是静态的）时，何以会产生令人窒息的、远远超过审美趣味的印象。古埃及神灵和神王们的塑像，拜占庭镶嵌画中的圣母马利亚和全能我主，中国的菩萨和罗汉，高棉的坐佛，科潘[①]的石碑和雕塑，热带非洲的木头偶像——所有这些宗教作品，有一个共同的特征：渊深的静

① 科潘（Copán），位于今洪都拉斯西部，有一座玛雅文明的遗址。在公元前9世纪到公元前5世纪，此地曾是一个王国的首都。

穆。正是这一点，使得这些作品被赋予了超自然的气质，使之具有传送的魔力，能将欣赏者带离日常经验中的“旧世界”，送达远方那幻象般的人类心智的对跖点。

自然，并非说静态的艺术本质上就必然卓越。无论是静态的还是动态的，糟糕的作品永远糟糕。我想表达的是，在其他条件相同的前提之下，安静的英雄形象比动态的英雄形象更具有传送魔力。

“六翼天使”居于天堂和新耶路撒冷，换句话说，居住于奇妙的建筑之中，那里有着肥沃的、明亮的花园，远方是平原、高山、长河与大海。这是一种直接经验，也是一种心理事实，在每一个年代、每一个国家的民间传说和宗教文学中，都有所描绘。然而，在绘画艺术中，对之却少有记录。

回顾一下人类文化的发展史，我们会发现，风景画或者不存在，或者处于起步阶段，或者直到最近才开始发展。在欧洲，成熟的风景画艺术只有四五个世纪的历史，在中国也没有超过一千年，而在印度，实际上风景画从来没有存在过。

这一现象令人好奇，值得分析。为何风景进入了任何一个时代、任何一个文化的幻想文学之中，却未能进入绘画之中？以这种方式提出问题，却不知问题本身其实提供了最佳答案。或许正因为人们满足于对自身幻象经验单纯的文字描述，于是无需将幻象经验转化为画面。

这一点，在个人身上必定经常发生。例如，布莱克曾看见幻象的风景，“它非常清晰，远胜一切凡世的、易朽的自然所创造的风景”，而且“胜过凡俗的眼睛所见的任何事物，比它们更其完美，组织得也更加精妙”。这里引用布莱克在阿黛斯夫人的一次晚宴上所说的一段话：“不久前的一个傍晚，我散着步，走到一个牧场，在牧场远方的另一头，我见到一群羔羊。走得更近些，脚下的土地忽而鲜花盛放，而前方树枝编就的栅栏和其间毛茸茸的居民呈现出优雅的、田园诗般的美丽。等我再一次去看，发现这一群羔羊并非活物，而是完美的雕塑。”

弗朗西斯柯·德·苏巴朗
（Francisco de Zurbarán）

我猜，像这样的幻象，如果以颜料来呈现，那么大概就像是某种不可思议的美妙的艺术混合物，包括了康斯特布尔最为鲜活的风景油画，和苏巴朗[①]那魔幻般的现实主义风格的动物画，后者一幅头戴光环的羔羊画如今正挂在圣地亚哥的博物馆里呢。但

① 弗朗西斯柯·德·苏巴朗（Francisco de Zurbaran，1598—1664），西班牙画家，以宗教画和静物画闻名。

苏巴朗《主的羔羊》
Zurbarán - *Agnus Dei*

是，布莱克从未画过任何东西，能与他描述的有一点点相似之处，他只是满足于将自己所见的幻象风景说出来，写出来，而他集中精力所做的画，则是关于“六翼天使”的。

对单个的艺术家是真，或许对整个艺术流派也为真。人类经历过足够多的事，但却不会统统表达出来；或者当他们想表达自己所经历的事之时，也只不过是选取一种艺术形式；又或者（在其他一些案例中）他们在表达时选择了某些方式，使得作品与他们的原初经验之间没有直接的、可以清晰辨认的关系。关于后一

A.K. 库马拉斯瓦米
（A. K. Coomaraswamy）

种情况，A.K. 库马拉斯瓦米博士[①]曾经就远东的神秘艺术说过一些很有趣的话，他说，远东的艺术“其符号与内涵密不可分，事物的‘本然’与‘所指’[②]也无法分别。”[③]

这种神秘艺术的极端案例，可以见之于禅意的风景画，此风格的绘画兴盛于宋朝，四个世纪之后，又在日本蔚然新生。印度、近东虽没有这种神秘主义的绘画，但也有等价的艺术。“印度的毗湿奴派的绘画、诗歌、音乐，其主题是性爱；波斯的苏非派的诗歌、音乐，则致力于颂扬醉酒之欢。”[④]

有一则意大利的谚语，可以简单地概括为：“床笫是穷人的歌剧院。”与此类似，性爱是印度人的“宋画”，酒是波斯人的印象派艺术。原因自然在于性爱与迷醉的经验在本质上与所有幻象（当然包括风景画）一样具有“他世界”的特征。

无论何时，如果有人在某种活动中感到愉悦满足，即可假设：

① A.K.库马拉斯瓦米（A. K. Coomaraswamy, 1877—1947），锡兰哲学家、形而上学专家、印度历史哲学的先驱者，将印度艺术介绍到西方世界。

② “所指”一词是借用了瑞士语言学家弗迪南·德·索绪尔（Ferdinand de Saussure, 1857—1913）的概念。原文为“signify”，本意为符号所指向的内涵。

③ 原注：见A.K.库马拉斯瓦米《艺术中自然转变之研究》（*The Transformation of Nature in Art*）第40页。

④ 见附录三。

如果这种满足感并未得到表达，那么一定会存在某种形式的等价物，来做替代的表达。例如，在中世纪，人们对词语和符号如此关注，乃至着迷，近乎疯狂。于是，自然中万物都被立刻视作某种观念的具体说明，而这些观念无非出自于某种被视为神圣的书籍或传说。

然而，在其他历史时期，人们发现自然（包括人性的许多层面）具有自发的“他性”，因而感到一种深深的满足。这种“他性”的经验，则以宗教、艺术或科学的形式予以抒发。然而在中世纪，与康斯特布尔和生态学，与鸟类观测和依洛西斯[①]，与显微镜和狄厄尼索斯祭献仪式、日本俳歌对等的，又是何物？我猜，我们也许可以在两个极端中找到答案，一是农神节大规模的狂欢，二是中世纪的神秘主义经验。忏悔节、五朔节、狂欢节，凡此等节日，都允许人们直接感知到掩藏在人的自我和社会身份之下的动物“他性”。全神贯注的冥想，则揭示出神圣的“非我”那更具他性的“他性”。在这两个极端之间，则是幻象经验和具有幻象诱发力的艺术品——借助后者，人们试图重新找回并重建幻象经验，相应的艺术家则包括：珠宝匠、彩色玻璃工匠、挂毯的编织匠、画家、诗人和音乐家。

---

① 依洛西斯（Eleusis），古希腊一城市，位于今雅典西北18公里处。在古代，依洛西斯是希腊一种密教仪式的中心，史称依洛西斯秘密宗教。

尽管人类的自然无非是一套枯燥的说教符号，尽管人类的神学未能视词语为万物的符号，相反却将万物万事当作《圣经》或亚里士多德学派的话语的注脚，但我们的祖先却相当清醒。能取得这一奇迹，原因在于他们定期逃离那令人窒息的知识之牢笼——诸如那自大狂妄的理性哲学，其神人同形同性论的、权威主义的、不讲究实验的科学，还有他们那太过雄辩的宗教——而遁入其心智的对跖点，那里乃是非语言的、超人类的世界，他们的本能在那里寄居，此外的寄居者还有那幻象的动物群，超越此外的一切却同时居于这一切之中的，还居住着“神圣精神”。

题是有些跑远了，但还是有必要的。现在，我们回到出发的地方。前面我们指出，风景是幻象经验的一个常见特征。对幻象般风景的描绘，古代的民间传说、宗教作品等文学中多有出现；但是风景画却直到相对离我们较近的时代才登上历史舞台。此处我要借用心理等价物的概念，就风景画这一具有幻象诱发力的艺术的本质，做几个简短的补充说明。

首先请允许我问一个问题。什么样的风景画（或者更宽泛一点，对于自然物体的什么样的描绘）最具有传送的魔力，本质上也最具有幻象诱发力？根据我个人的经验，参考别人告诉我的他们对艺术作品的感受，我将冒险给出一个答案。在其他条件均等的前提之下（当然，如果没有天赐的智慧，艺术家将一事无成），最具传送魔力的风景画，首先是隔着相当遥远的距离呈现自然物体的作品，其次是在极近的距离呈现自然物体的作品。

远距离赋予观感以魅力，近距离也是如此。宋代的画里，山川遥远、白云悠悠，如此便具有传送魔力；但是，出现在“海关官员”卢梭[①]笔下的雨林中那些紧密相邻的热带树叶，也具有同样

亨利·卢梭
（Henri Rousseau）

的魔力。当我凝望着宋代的画作，我（或许是“非我”中的一位）回忆起了心智对跖点那里的悬崖、无边辽阔的平原、发光发亮的天空和大海。而当那些幻象被烟云遮没，或突然出现一些怪异的、

① “海关官员”卢梭（Douanier Rousseau）是法国后印象派代表画家亨利·于连·费利克斯·卢梭（Henri Julien Félix Rousseau，1844—1910）的诨号。

亨利·卢梭《梦》
Henri Rousseau - Le *Rêve*

亨利·卢梭《热带风暴中的老虎》
Henri Rousseau - *Tiger in a Tropical Storm*

强烈的定型符号——比如一块风化的岩石，或一棵长年累月与风势绞缠的古老松树，它们也具有传送的魔力，因为它们提醒我（无论我意识到没有），变异性、不受言诠也是“他世界”的本质之一。

近距离的风景画亦复如此。当我凝望着卢梭的那些树叶，从它们那叶脉的架构、条纹和斑点之中，我窥见了绿叶交错的生命深处，于是，我回忆起幻象世界里那些典型的活泼的图形，还有那些不停地生发、扩散的几何形式（它们变为物体），还有那些永远都在变形为其他物体的事物。

雨林近景的绘画，在某一方面就像是“他世界”的形象，因此它能将我传送到“他世界”去，使我可以亲见一件艺术作品升华为另外某个东西——某个超越艺术的东西。

虽然发生在多年之前，但我与罗杰·弗莱[①]的一次谈话至今仍历历在目。当时我们在谈论莫奈的“睡莲”系列。罗杰坚持以为，这些睡莲无权以如此混乱的构图使人震惊，因它们完全没有任何正确的创作轮廓，就艺术的角度而言，它们完全是错误的。然而，他不得不承认，然而……是的，正如我现在要说的，然而它们却具有传送的魔力。一位艺术家，以其令人震惊的娴熟技巧，决定画出一些自然之物的近景图，作画时，只涉及这些自然之物本身，决不牵涉任何“此为此彼为彼”的人类观念。我们喜欢说，人是万物的尺度[②]；但这次，对于莫奈来说，睡莲乃是睡莲的尺度，于是，他便这样作画了。

罗杰·弗莱（Roger Fry）自画像

任何艺术家，若想描绘远处风景，也必须要采取同样的“非人”的观点。在中国画中，旅行者沿着山谷前行，他们的身形何

① 罗杰·弗莱（Roger Fry, 1866—1934），英国画家、批评家，在英国推动现代艺术，并命名了后印象派。

② 这句话是古希腊辨者普罗泰戈拉（Protagoras，约前490或480—前420或410）的名言，他是古希腊哲学中智者派的主要代表人物。

Claude Monet

克劳德·莫奈《睡莲》
Claude Monet - *Water Lilies*

其渺小！他们前方山坡之上的竹篱茅屋又何其脆弱！而此外的宏大的景色，则皆是空无阒寂。这样的野外世界，以其本然的规则，活在其本然的生命中，如此的描绘方式，便将观者的心智传送至对跖点；因为原始的自然与内在世界有一种奇怪的相似之点，那就是，它们都不考虑个人的愿景，甚至也不考虑作为整体的人类其恒久的利益。

严格意义上讲，只有描绘那种中等距离，以及较远的前景的画作，才是采取“人”之观点的。当非常近或者非常远地凝望之时，人或者完全消失，或者丧失其统治地位。天文学家比宋代的画家们看得还要更加遥远，因此，他们看到的人类生活也就更其稀少。在另一个极端，物理学家、化学家、生理学家则在追逐着特写之物，都是细胞级别的物体，如分子、原子、亚原子。如此一来，原本隔着 20 英尺，甚至是隔着一条手臂的距离，听起来、看起来都像是一个人的东西，此时就完全不见了。

在目光短浅的艺术家和沉醉于恋爱的人们身上，相似的情况也有发生。婚礼上当新人拥抱时，个性消融不见了；个人（这是 D.H. 劳伦斯的诗歌和小说永恒的循环主题）丧失自我，成为一个浩瀚的非个人宇宙的一分子。

那些选择近点描画的艺术家也是如此，在其作品中，人类不仅不再重要，甚至被彻底从画面中逐出。无需再去关注昊天之下玩弄鬼蜮伎俩的男男女女，该关注的是那些百合花，面对“纯然之物”（它们已脱离功利主义的环境，成为它们本身，活在其自为的生命中）非凡的美丽，我们理当冥想沉思。或者（也许只在艺术发展的早期阶段），近点视角下的非人类世界以图案的形式呈现，这些图案多半是对树叶和花朵——诸如蔷薇、莲花、莨菪、棕榈、莎草——进行抽象的产物，经过不断重复与变形，这些图案变得繁复精美，成为具有传送魔力之物，令人想起在“他世界”中那些活泼的几何体。

以近点的角度更自由、更现实地描画自然，这是晚近才出现的事情，但其实却比远景（我们错误地只称其为风景画的远景）出现更早。例如，在罗马时代就已经有近景风景画，“莉薇娅别

莉薇娅别墅内的壁画

15 世纪阿拉伯古书中的倭马亚清真寺

倭马亚清真寺的尖塔，摄于 1914 年

倭马亚清真寺石头上雕刻的花纹

墅”[①]的一个房间中，即装饰有一座花园的壁画，乃是这种艺术形式的绝佳案例。

出于神学原因，伊斯兰教多半很欣赏“阿拉伯式花纹”。这种花纹枝繁叶茂，如幻象一般不停变化，这就是近点观看自然事物的结果。不过，甚至是在伊斯兰世界，真正的近景风景画并非无人问津。大马士革的倭马亚清真寺[②]，其花园和建筑镶嵌着马赛克，其非凡之美和诱发幻象的魔力，举世难有匹敌。

① “莉薇娅别墅”（The Villa of Livia），位于罗马附近的一座古老建筑，据信早在罗马共和国时期（前509—前27）就已建成，曾作为莉薇娅·杜路莎（前58—29）的嫁妆，随女主人嫁给罗马皇帝奥古斯都大帝（Augustus，前63—14），此建筑今日尚存，内有壁画。

② 倭马亚清真寺（Omayyad mosque），位于大马士革旧城内，是世界上最大、最古老的清真寺之一，始建于634年，传说寺内珍藏着施洗约翰的头颅。

绍斯韦尔大教堂内柱子的细节

在中世纪，尽管将每一种“数据”都转变为概念，将每一刻的直接经验化为书本中单纯符号的狂热席卷了欧洲，但逼真的花叶近景画仍然相当常见。在哥特式柱子的顶部，在绍斯韦尔大教堂①的礼堂之中，都雕刻着这些花与叶子。而在当时的狩猎画中也能看到，这些狩猎画的主题都是中世纪的一种日常生活方式——亦即猎人和迷路的行者凝望着森林，陶醉于繁复的、茂盛的、使人迷惘的逼真的树叶。

绍斯韦尔大教堂内柱子的细节

阿维尼翁教宗宫的壁画，几乎是这种世俗艺术仅存的硕果了。这种世俗艺术，甚至在乔叟②的时代都还非常普遍。一个世纪之后，这种近景描绘森林的艺术，在诸如皮萨内洛③的

① 绍斯韦尔大教堂（Southwell Minster），位于英格兰诺丁汉郡的绍斯韦尔，据信始建于627年，历经变迁后至今仍在。

② 杰弗里·乔叟（Geoffrey Chaucer，约1343—1400），英国文学之父，被认为是中世纪英国最伟大的诗人，代表作是《坎特伯雷故事集》。

③ 皮萨内洛（Pisanello，约1395—约1455），意大利文艺复兴运动早期最为出色的画家之一。

中世纪后期挂毯，画家未知《狩猎独角兽》
Unknown Artist - *The Hunt of the Unicorn*

阿维尼翁教宗宫

阿维尼翁教宗宫内狩猎壁画的细节

《圣休伯特[1]》、保罗·乌切洛的《丛林狩猎》等辉煌、神奇的画作中，达到了它自觉性的完美——这两幅作品现藏牛津大学的阿什莫林博物馆。与近景森林的壁画息息相关的是挂毯，北欧的富人们喜欢以之装饰自家的房屋，其中最好的一些挂毯，其幻象诱发

① 圣休伯特（Saint Hubertus，约656—727），708年成为比利时列日省的主教，后被封圣，成为猎人、数学家、眼镜商、金属工匠的主保圣人。

的魔力已经达到了最高水准。这些挂毯以其独有的方式，以同样天堂般的、富有魔力的表现力，令人回想起心智对跖点处的世界，好比伟大的风景画大师们的远景呈现，诸如：沉浸于巨大孤独中的宋代高山、迷人地绵延不绝的明代河流、提香[1]笔下那远方的蓝

① 提香（Titian，约1488或1490—1576），被誉为“西方油画之父”，意大利画家，文艺复兴时期威尼斯画派的最重要的代表人物。

保罗·乌切洛《丛林狩猎》
Paolo Uccello - *Hunt in the Forest*

皮萨内洛《圣犹士坦见异象》
Pisanello - *Vision of St. Eustace*

色的亚高山地带、英格兰康斯特布尔笔下的世界、透纳和柯罗[1]笔下的意大利、塞尚和凡·高笔下的普罗旺斯省、西斯莱和维亚尔笔下的法兰西岛。

非常偶然的是，维亚尔同时成为了近景画和远景画的顶级大师，其作品无不具有传送魔力。他那些描绘布

提香
(Titian)

① 让-巴蒂斯特-卡米耶·柯罗(Jean-Baptiste-Camille Corot, 1796—1875)，法国风景画家、蚀刻版画家。

提香《欧罗巴的梦魇》
Titian - *The Rape of Europa*

奥迪隆·雷东
（Odilon Redon）

尔乔亚家庭内景的杰作具有相当的幻象诱发力，与他的作品相比较，那些自觉的（或者说专业的）幻想家如布莱克、奥迪隆·雷东[①]的作品，却似乎非常软弱无力。在维亚尔的室内画中，每一个细节无论何其琐碎甚至邪恶（诸如晚期的维多利亚时代的墙纸、新艺术时代的小摆件、布鲁塞尔地毯），都被视作一件鲜活的珠宝，所有这些珠宝和谐地融合为一，形成一个隶属于更高等级的珠宝，携带着强烈的幻象风格。而当维亚尔的新耶路撒冷世界里那些中产阶级上层人士出门散步时，他们发现自己并非置身于塞纳省、瓦兹省（如他们先前所认为的），而是漫步于伊甸园中，那是一个“他世界”，虽然本质上与“此世界”一模一样，但却是一个升华了的“此世界”，因此具有了传送的魔力[②]。

到目前为止，我所谈及的，都是至福的幻象经验，以及其在宗教中的阐释、在艺术中的传达。但是幻象经验并非总是至福的，有时它会令人感觉糟糕。

① 奥迪隆·雷东（Odilon Redon，1840—1916），法国象征派画家、版画家、粉笔着色画家。

② 见附录五。

奥迪隆·雷东《蝴蝶》
Odilon Redon - *Butterflies*

爱德华·维亚尔《室内》
Edouard Vuillard - *'Interior'*

不错，世上自有天堂，但也不乏地狱。

像天堂一样，幻象的地狱世界也有其超自然的光与意义，但这种意义本质上是骇人的，而这种光则是《西藏生死书》中所言的“烟光”[①]，也即弥尔顿所言的“漆黑”[②]。传记作品《一个精神分裂症女孩的日记》[③]一书，描写了女孩蕾妮通往疯狂的道路，精神分裂的世界在书中被命名为“向上之光的国度”[④]——这个名字，神秘主义者或许会移用来描绘他们心目中的天堂。但是对于可怜的精神分裂症患者蕾妮来说，这种光却属于地狱，它是一种强烈的电光，非常耀眼，不留下任何影子，无所不在，永不削弱。对于健康的幻想者而言属于至福的一切，却只带给蕾妮恐惧、噩梦般的不真实感：夏日的艳阳露出了恶意；抛光物体表面的光亮不再暗示珠宝，而只是机器和涂以瓷釉的马口铁；至于抛弃实用主义后近距离观看所见物存在的强度（它激发了所有物体的生命力），则被当作一种威吓。

还有对无限的恐惧。对于健康的幻想者而言，在有限的细节中感知无限的存在，实在是“神圣的内在”浮现眼前；但是对于

---

① 原文为the smoky light。

② 原文为darkness visible，出自《失乐园》。

③ 《一个精神分裂症女孩的日记》（*Journal d'une schizophrène*），玛格丽特·A.薛施蔼（Marguerite A. Sechehaye，1887—1964）的作品，薛施蔼是瑞士精神治疗医师，以精神分析的方式治疗精神病的先驱。

④ 原为法文 *le Pays d' Éclairement*。

蕾妮而言，她却将之称为“体制”的显现，这是一种庞大的宇宙体制，其存在的唯一目的，不过是挤榨出人类的罪孽、酷罚、孤独和虚空。[①]

头脑清醒与否，只是相对而言。也有一些幻想者如蕾妮一样看待世界，但却依然有办法躲过救济院的管束。对于这些人来说，宇宙确实是变形了，但与积极的幻想者相反，这种变形是每况愈下的。在他们眼中，宇宙中的一切，上至天上的星辰，下至脚下的尘土，都透露着灾难和恶心的感觉，但言语无法形容；发生的一切事情，其意义无非是可憎的；而每一个物体，则都是那无穷的、全能的、永恒的“内在恐怖”的显现。

西奥多·杰利柯
（Théodore Géricault）

这个每况愈下的世界，在文学艺术中不时得到表现。在凡·高晚期的作品中，它在扭动着发出威胁；卡夫卡的所有小说都以之为背景和主题；它也是杰利柯[②]的精神家园[③]；戈雅耳聋之后孤独的那段时光里，也居住其中；当勃朗宁写作《罗兰少爷》时，窥见了

① 见附录六。

② 西奥多·杰利柯（Théodore Géricault, 1791—1824），法国极富影响力的画家和石版家，浪漫主义运动的先驱。

③ 见附录七。

西奥多·杰利柯《美杜莎之筏》
Théodore Géricault - Le *Radeau de la Méduse*

它的存在；而在查尔斯·威廉姆斯[1]的小说中，它也占据了一个位置，且直接与神的显灵相对立。

这种消极的幻象经验，通常伴随着一种非常特别、极富特色的身体感觉。至福的幻象经验，一般伴随着身心分离的感觉，以及一种去个性化的感觉。（毫无疑问，正是这种去个性化的感觉，使得信奉仙人掌教的印第安人在服用佩奥特掌时，不仅借此抄捷径抵达幻象世界，同时在所有参与仪式的人群中营造一种爱的团结的氛围。）但当幻象经验是很糟糕的，而世界则变得每况愈下之时，个性却得到了加强，于是，消极的幻想者发现自己与某一物

① 查尔斯·威廉姆斯（Charles Williams，1886—1945），英国诗人、小说家、剧作家、神学家、文学批评家。其小说代表作是1937出版的《堕入地狱》（*Descent into Hell*）。

体联系在了一起，这物体似乎日渐浓稠、包裹得日渐紧密，直至将他本人缩小成具有痛苦的自我意识的一块浓缩之物——大不过一块石头，两手轻松可以握住。

值得注意的是，在描述地狱的多种多样的文字中，提到了许多惩罚都是与压力、收缩有关的。但丁《神曲》中的罪人们，或被埋在泥土中，或被关闭在树干中，或被冻缩在冰块中，或被石头压碎。从心理学的角度而言，地狱的存在是确凿无疑的，因为精神分裂者以及那些在不利条件下服食麦司卡林或麦角酸的人，可以真实感受到其间的许多痛苦。

此处所言的不利条件，其性质是怎样的呢？天堂是如何又是为什么转为地狱的呢？

在某些案例中，消极的幻象经验主要与身体不适相关。服食之后，麦司卡林倾向于在肝脏部位聚集，如果肝脏有病，则服食者或许会发现自己身处地狱之中。但是对于我们现在的讨论来说，更重要的是如下一个现象：单纯的心理手段或许就能诱使人感知消极的幻象经验。恐惧、愤怒引人远离那天堂般的“他世界”，并将麦司卡林的服食者投入地狱之中。

发生在麦司卡林服食者身上的情况，对催眠状态中的人或者偶然看见幻象的人也有效。神学上“因信得救”的教义，即从这种心理基础发展而来，在全世界所有伟大的宗教传统中，这一教义都能见到。末世论的信奉者们总是会发现，要想将自己的理性、道德与残酷的心理经验相调和，实在太难。作为理性主义者和道德专家，他们认为善行理应得到回报，贞洁之人理应升入天堂；但是作为心理学家，他们却又知道，美德并非获取至福的幻象经验的唯一条件，或者说充分条件；他们明白，单单道德成就本身是无力的，真正确保人获得至福的幻象经验的是信仰，或者说是爱的信心。

消极情感——诸如恐惧感（缺乏信心）、仇恨、愤怒、恶意——将爱排斥在外，使幻象经验（倘若发生）变为可怕。法利赛人其实是有道德的，可惜他们的道德却与消极情感相匹配，因此，他们的幻象经验很可能是地狱般的，而非至福的。

心智的本性在于，罪人只要忏悔，且信仰了较高的力量，那么他更有可能获得至福的幻象经验；而那些自鸣得意的所谓社会栋梁，他们义愤填膺，或者焦虑于财产与虚荣，或者具有根深蒂固的责备、鄙视、谴责他人的习惯，他们自然比不上前者。因此，在所有伟大的宗教传统中，一个人临终之时的心智状态，被赋予了极大的意义。

幻象经验与神秘经验并非一回事。神秘经验超越了对立状态的领域，而幻象经验犹在其中。天堂引起地狱，而“升天”也并不比坠入地狱带来更多的解放。其实，天堂不过是一个制高点，由此可以更清晰地看见那“神圣万有之疆域”[①]，人若处于日常的、个性化的存在维度，是不可能那么清晰地看见它的。

倘若意识在人死后仍然存活，那么它大概也能在人类心智的每一个维度存活，诸如神秘经验的维度、至福的幻象经验的维度、地狱般幻象经验的维度、日常的个人存在的维度。

在生命之中，甚至是至福的幻象经验，如果存续的时间较长，也易于变形改貌。许多的精神分裂症患者，也曾有过天堂般快乐的时光，但是与麦司卡林服食者不同的是，由于无法知道是否有可能重返那令人安心的平凡人世，精神分裂症患者甚至以为天堂似乎都很恐怖。而对于那些无论因为何故而落魄丧胆的人，天堂必化为地狱，至福必转为恐怖，“澄澈之光”必变为“向上之光的国度”里那可怕的强光。

类似的情况或许也会发生在人死后的状态中。在窥见最高存在那令人不堪承受的辉煌壮丽之后，在历经天堂、地狱的穿梭往返之后，绝大多数的灵魂发现，仍然可以退回到心智中更令人安心的区域，在此区域，他们可以利用自己或他人的愿景、记忆和幻想建构一个世界，使之与他们曾经生活的大地极其相似。

但也有极少数的人，他们死后能立刻与“神圣万有之疆域”

① 神圣万有之疆域，原文为The Divine Ground，此概念参见阿道司·赫胥黎《卢丹的恶魔》一书。

融合为一；也有一些人，死后可以承受幻象天堂的至福；还有一些人，发现自己身处幻象地狱的恐怖之中，无法逃离；而大多数的人，则结束于斯威登堡和灵媒们所描绘的那个世界——毫无疑问，倘若万事俱备，人们可以从这个世界迁移至那个幻象的至福世界，或者说，完成最终的觉悟。

至于我个人，倒是有一个猜想：现代降灵术和古代传统都是正确的。真的有一个死后的状态，对此，奥利弗·洛奇爵士[①]在他的《雷蒙德或生存与死亡》一书中做过描绘；但也真的有一个至福的幻象经验的天堂；也真的有一个恐怖的幻象经验的地狱——精神分裂症患者们、服食麦司卡林的人们此刻正感受着它的痛苦。

同样，世间还有另一种经验，它超越时光，终至与"神圣万有之疆域"融合为一。

"清除一切迷障，知觉之门将开，万物显出本相：如其所是，绵延无止。"

① 奥利弗·洛奇爵士（Sir Oliver Lodge, 1851—1940），英国物理学家、作家，他对心理学和唯灵论都有所研究。《雷蒙德或生存与死亡》（*Raymond or Life and Death*）是他的著作。

附　录

Appendix

附录一

另有两种助人获得幻象经验的方法，虽然效果不佳，但仍值得注意，即二氧化碳和频闪灯。七成氧气与三成二氧化碳的混合物（完全无毒）若被吸入，将使人发生某种生理、心理的变化，对此，麦度纳[①]有过穷形尽相的描写。就我们现在的讨论话题而言，这些变化中最重要的一点是，它能明显增强人闭眼时“看物”的能力。在一些案例中，人们只看到一些旋转着的色彩图案；在另一些案例中，人们或许能鲜活地回想起旧日经验。（这就是二氧化

① 麦度纳（Ladislas J. Meduna，1896—1964），匈牙利神经病学家，曾以化学物引起人的癫痫发作来治疗精神分裂症。此处所提及的氧气与二氧化碳的混合物，就是他首先发现的。

碳作为治疗剂的价值。）还有一些案例，吸入者被二氧化碳传送至他日常意识对跖点处的“他世界”中，在那短暂的时间里，他愉快地享受着幻象经验——这些幻象与他私人的历史和全体人类的困扰完全无关。

根据这些现象，我们将很容易理解瑜伽中吐纳训练的原理。经过一段时间系统的锻炼之后，瑜伽练习者能延长闭气的时间，这使得肺部内和血液里的二氧化碳达到很高的浓度，于是降低了大脑作为减压阀的效果，允许“在那儿”的幻象经验或神秘经验进入人的意识之中。

长时间持续地呐喊或歌唱，或许能造成相似的结果，虽然没有那么明显。除非经过强化训练，否则歌唱者大抵上呼气要比吸气多，因此，他们的肺泡和血液中的二氧化碳浓度增加，大脑作为减压阀的效果因而降低，于是，幻象经验就有可能发生。这就是为何在魔术、宗教中存在冗长的“无聊重复”。巫医、萨满念咒，基督徒和佛教徒连续地颂诗、唱经，宗教复兴运动[1]者们一小时一小时地呐喊与尖叫，在所有这些不同的神学信仰和美学传统之下，“心理—化学—生理”的目的始终不曾改变——亦即通过增加肺部

①　宗教复兴运动（Christian Revival或Revivalism），指的是18世纪以来基督教世界相继发生的旨在呼唤民众重新焕发对教会热情的运动，这一运动起源于18、19世纪的美国，20世纪先后蔓延到欧洲、美洲、非洲、亚洲等地的基督教社区。

和血液中二氧化碳的浓度来降低大脑减压阀的效果，直到源自“自由心智”世界的事物（在生物学的角度，它们是无用之物）进入人的意识。这一点，虽然那些呐喊者、歌者、喃喃自语者自然并不知晓，但却一直是所有魔咒、颂祷[1]、连祷[2]、赞美诗、念经的真实目的和要旨。帕斯卡曾如此说道：“心自有其理性。”而肺部、血液、酶系统，以及神经细胞、神经键的理性则更其强大，也更难索解。要抵达超意识，需通过潜意识；而抵达潜意识的方法，或至少其中的一种方法，乃是通过个体细胞的化学作用。

谈到频闪灯，我们将从化学领域进入更为基本的物理学领域。频闪灯有节奏的闪烁，似乎能通过视神经系统直接作用于大脑活动中与电能有关的部分。（因此之故，在使用频闪灯时，总是有一种轻微的危险。一些人其实有癫痫，虽然并没有清晰的、明显的症状使他们意识到自己有病，可一旦暴露在频闪灯之下，这些人将会癫痫发作。危险并不很大，但要务必小心，因为每 80 个这样的案例中会有 1 个人的情况非常糟糕。）

如果面前放一盏频闪灯，人闭上眼坐着，那将是一种非常奇怪，却也非常引人入胜的经验。只要频闪灯一开，人就会立刻“看

---

① 颂祷（Mantram），一种神秘的话语，尤指吠陀（婆罗门教和现代印度教的经典）内作为咒文或祷告唱念的经文。

② 连祷（Litany），基督教（天主教）公共祈祷的一种形式，包括神父和会众交替做出的简短祈祷。

到”最为明亮的彩色图案。这些图案并非静态的，而是不停地变化。频闪灯的放电频率决定了这些图案的主要色彩，当灯闪烁的速度为每秒14或15次时，图案的主要色彩是橙色和红色；速度超过每秒15次时，主要颜色变为绿色和蓝色；当速度达到每秒18或19次时，则变为白色和灰色。在频闪灯的影响之下，为何人会“看到”这样的图案并没有精准的答案。最明显的解释或许可以依据两种或更多种节奏的干扰，即频闪灯的节奏，还有大脑电能活动的多种节奏；这些干扰可以被视觉中枢和视神经转化为某种东西，而心智意识到它的存在，并将其视作一种彩色的、移动的图案。还有另外一种现象，则难以解释得多，这一现象被好几个实验者相继观察到，他们发现，频闪灯会丰富、强化那些服食了麦司卡林或麦角酸之人所见的幻象。举个例子吧，有一个做医生的朋友曾告诉我这么一件事：在服食麦角酸之后，当他闭眼时，他只能“看到”彩色的、移动的图案；后来他坐在一个频闪灯前面，灯打开了，立刻之间，他看到抽象的几何体变为某种美到化境的东西，我的朋友将之形容为“日本风景画”。可是，这事究竟是如何发生的？两个不同的节奏相互干扰，竟能使电脉冲组合为一种鲜活的、自我调制的“日本风景画”，与事主本人所见的一切事物都毫无相像之处，而此“日本风景画”竟弥漫着超自然的光、色彩和意义？

这件神秘之事，其实不过是一种更广大的神秘的特例。所谓更广大的神秘，是指在细胞、化学、电能的层面上，幻象经验与事件之间关系的本质。彭菲尔德[①]曾用一根极细的电极碰触大脑的某些区域，由此能唤起病人一长串与过去经验相关的记忆，这些记忆不仅在所有的感觉细节上都精确无误，而且还伴随着旧日事件发生时的所有情感。而病人在局部麻醉的状态下，发现自己同时处于两个时空，一是他当时所在的手术室，一是他童年时的家——离手术室有千里之隔，离当时有千日之遥。

或许有人会疑惑，大脑中是否有某个区域，只要经电极的碰触，就能诱发人看见布莱克的“六翼天使”，或威尔·米切尔所见的镶嵌着逼真的宝石的、自动变化的哥特式塔楼，或我的朋友所见的美到难以言表的“日本风景画”？而且，倘若如我本人所相信的那样，幻象经验是通过无穷广大的“自由心智”“那儿”的某处进入我们的意识，那么，具有接收与传送功能的大脑，又能为幻象经验创造出何等特别的神经性的图案呢？而当幻象结束之后，这种特别的图案会命运如何？又是为了什么，所有的幻想者坚持认为，任何事物都无法令他们回想起那升华的经验，甚至都无法与幻象经验中的原初形状和强度有微弱的相似？

是的，问题如此多！然而，答案却如此少！

---

① 彭菲尔德（Wilder Graves Penfield，1891—1976），极富创造性的神经外科医生，曾被认为是“在世的最伟大的加拿大人”。

附录二

现如今在西方世界，幻想者和神秘主义者要比过去少了很多，导致这一现象的主要原因有两个，一是哲学上的，一是化学上的。目前流行的宇宙绘图上，并无超自然经验的一席之地，因此，那些自认为拥有了超自然经验的人，便受到了世人的贬低和怀疑，或者被当作疯子，或者被视为骗子。成为一个幻想者或神秘主义者，如今再无荣耀可言了。

而且，并不仅仅是今日的知识氛围不利于幻想者和神秘主义者，当今的化学环境对他们也是不利的。要知道，今日的化学环境已经与我们祖先度其一生的化学环境截然不同了。如今，大脑是可以通过化学作用来加以控制的，经验表明，通过调整（从生物学的角度）人体正常的化学机制，可以使人的大脑浸入（也是在生物学的角度）“自由心智”那丰盈的存在之中。

且来看看我们的祖先，在一年中几乎一半的时间里，他们没有水果和绿色蔬菜，甚少有奶油或鲜肉，鸡蛋也少得可怜——这是因为在冬天他们无法饲养太多公牛、奶牛、猪和家禽。于是，每到来年开春之时，我们祖先中的大部分人都要患上或轻微或严重的坏血病，因为他们缺少维生素 C；他们还会患上糙皮病，因为他们的菜谱中缺乏复合维生素 B。这些疾病折磨着他们的身体，同时也折磨着他们的心理。①

神经系统比肌体的其他组织更加脆弱，因此缺乏维生素会更早地影响人的心智状态，起码远在明显影响人的皮肤、骨骼、黏膜、肌肉和内脏之前。营养不足导致的最早一个后果是，大脑作为人类生物性延续的一个工具，其效能降低了。于是，营养不足的人易于产生焦虑、沮丧、臆想的症状；同时还很容易就见到幻象，这是因为当大脑作为减压阀的效果降低之后，源自“自由心智”“那儿”的许多无用之物（在生物学意义上而言）会涌进意识之中。

早期幻想者的多数经历都是令人恐惧的。以基督教神学的语

① 原注：参阅《人类的饥饿生物学》（*The Biology of Human Starvation*），作者A.基斯（A. Keys），明尼苏达大学出版社，1950年出版。还可参阅南加州大学的乔治·沃特森（George Watson）及其同事就维生素缺乏对人精神疾病的影响这一问题所做的最新（1955年）报告。

言来说，在这些人的幻象和狂喜中，魔鬼比上帝更频繁地现身。在那样的年代，不单维生素缺乏，撒但崇拜也很广泛，发生这样的情况也就不足为奇了。糙皮病、坏血病对人精神的折磨其实要算轻微的了，而对下地狱的恐惧，以及确认邪恶力量无所不在的恐惧，更加深了这种精神折磨。因为营养不良，大脑减压阀的效果被削弱，使得人们所受的精神折磨，随着它那足以污染幻象材料的黑云，轻易进入了意识之中。但是，虽然时刻惴惴不安于永恒的惩罚，虽然因营养不足而虚弱，但那些在精神上非常坚强的禁欲者们却经常看到天堂，甚至还能在偶然之中省悟那神圣而公正的上帝的存在，在上帝的存在中，相反的两极亦能融合为一。为了一窥至福的真美，为了一尝大道的真味，付出任何代价似乎都不嫌太高。禁欲或许会导致诸多不良的精神状况，但是它或许也能打开通往存在、大道、至福的超验世界的大门。这就是为何几乎所有雄心勃勃要过精神生活的古人，都不顾禁欲对身心的明显伤害，而执意完成他们每日的禁欲功课。

既然提到维生素的问题，就不免要提及中世纪的冬天，对所有人来说，那时的冬天是一场漫长的无意识的禁食期，紧跟着的就是四旬斋[①]期间长达40天的自觉的禁食期。于是到了圣周[②]，就

---

① 四旬斋（Lent），亦称“大斋节”、“齐斋节”，天主教的重要节日，天主教基督徒在此期间进行斋戒和忏悔。

② 圣周（Holy Week），基督教复活节前的一周，亦称“受难周”。

身体的化学作用而言，那时虔诚的信徒们已然做好了完美的准备，等待圣周里种种悲喜交集的巨大刺激，适时地迎接良心的忏悔，面对复活的基督——他们将在自我超越中完成对基督的认同。在这样的一个季节里，宗教的极端情绪达到巅峰，而维生素的摄取量则降至冰点，于是，狂喜和幻象几乎是稀松平常之事——人所要做的，不过是期待它们的降临而已。

对于隐居的冥想者而言，每年的斋戒期有好几个。然而甚至在两个禁食期的间隔时间，他们的菜谱也是贫乏到极点。因此，如此多的灵修作家才会描写出那么多的沮丧、忧心，也才会描写出绝望、自杀对他们那致命的诱惑力。但是，他们同样也会发现那些“免费恩惠”以相应的形式出现，诸如：以天堂般的幻象和动人的言辞，以先知般的洞察力，或以灵犀通透的“敏锐精神”。于是，最终，他们体验到“内注的冥想”，获得有关全能上帝的“混沌知识”。

早期那些雄心勃勃的灵修者们进行禁欲，所采用的办法并非只有禁食，其实，他们中的绝大多数人都时常用带刺的皮鞭甚至铁丝抽打自己。这种鞭打，等同于在不注射麻醉剂的情况上对人进行大的外科手术，因此，它对这些忏悔者们身体上的化学作用产生了相当强烈的影响。当身体不断受鞭笞时，人体释放大量的组胺和肾上腺素；当伤口开始化脓时（实际上，在肥皂发明之前，伤口绝对都会化脓），由于蛋白质的分解作用，导致许多有毒物质进入血液循环系统。此外，组胺还会导致休克，而休克对人心智的影响极大，一点不逊于它对人身体的伤害。此外，大量分泌的肾上腺素或许会导致幻觉，而肾上腺素在分解时产生的某些物质，据信还能导致类似精神分裂症的症状。至于伤口处的有毒物质，则对调节大脑的酶系统产生干扰，降低大脑的效能——而大脑可是帮助人在一个适者生存（生物学意义上）的世界上苟存性命的工具。这可以解释为何达斯神甫[1]会有这样的说法，他说，当他可以自由地、无情地鞭笞自己，上帝就将允诺他一切的请求。换句话说，忏悔、自我厌弃、恐惧地狱等情绪释放出肾上腺素，自残性外科手术式的行为释放出肾上腺素和组胺，感染后的伤口释放的蛋白质分解物进入血液，那么大脑作为减压阀的效果便降低了，于是，源自“自由心智”的陌生之物（包括超生理现象、幻象，以及神秘主义经验——倘若当事人在哲学上、伦理上已为之做好准备）将涌进苦行者的意识之中。

我们已经知晓，在四旬斋到来之前是一段时间较长的无意识的禁食期。与此相似，在进行自我鞭笞时，先前就已有大量的蛋

① 达斯神甫（Curé d'Ars），是对让-巴蒂斯特-马里耶·卫雅（Jean-Baptiste-Marie Vianney, 1786—1859）的通称，中文一般翻译为圣卫雅，19世纪法国神职人员，以在教区内推行激进的宗教工作而得名，他本人则以其禁欲和虔诚广受推崇，死后被天主教封为圣人，成为所有神父的主保圣人。

白质分解物被人体无意识地吸收。那时没有牙科医生，外科医生是由刽子手担任的，安全的防腐剂也并不存在，因此，绝大部分的人不得不生活于病灶感染之中，虽然病灶感染已经不再是所有身体疾病的原因，但它肯定能降低大脑作为减压阀的效果。

那么所有这一切的寓意何在？信奉“无非巧合”哲学①的人会如此回答：既然体内化学作用的变化创造出有利于幻象和神秘经验的条件，那么，幻象和神秘经验也就并非如体验者所声称的那样是不证自明的了。但是，这一推论自然是不合理的。

另有一些人，他们的哲学是过分“灵性的”，却也得出了一个类似的结论。他们认定，上帝是属灵的，所以人们应当在灵性上信仰上帝。所以，因化学条件而获得的经验，绝不可能是神圣的。可惜，人类所有的经验，无论什么，都是在化学条件而获得的；假如我们想象其中一些经验是纯粹“灵性的”、“智力的”、“审美的”，那仅仅是因为我们从未花费一点心思对此类经验发生时人体内的化学作用环境做研究。而且，历史证明，绝大多数的冥想者能系统地调节体内的化学作用，以便为“灵视”创造有利的内部环境。当他们并不通过禁食来降低血糖和维生素含量，也并不鞭笞自己以使组胺、肾上腺素、蛋白质分解物造成人体的迷狂，那

① 原文为Nothing-But philosophy，作者可能代指1944年一部喜剧电影《麻烦多多》（*Nothing but Trouble*），影片讲述的是一连串无巧不成书的喜剧故事。

么他们就会令自己失眠，或长时间以别扭的姿势祷告，这样便能创造出身心的紧张症状。在此间歇，他们便大唱冗长的圣歌，以增加肺部和血液系统里的二氧化碳含量；如果是东方人，则通过呼吸吐纳来达到相同的目的。至于今日，我们已经知道，可以通过直接的化学作用来降低大脑作为减压阀的效果，却不必担心会对人的身心机制产生严重损害。

在当前的知识背景下，任何一个有抱负的神秘主义者都不会重返古代那种漫长地禁食、暴烈地自我鞭笞的行为，因为这种行为的无意义，就好比让一个雄心勃勃的厨师学习查尔斯·兰姆[①]文章中那些中国佬，为了烤全猪，将自家房子一把火烧个精光。他既然知道（或者假如他有所渴望，他至少应该能知道）获得超自然经验的化学条件有哪些，那么，这位有抱负的神秘主义者，将转而请求各领域专家们的技术帮助，诸如药理学、生物化学、生理学、神经学、心理学、精神医学、灵魂学。当然，就这些专家而言，假如他们渴望成为真正的科学人士和完善的人类一员，他们也将从各自的鸽子笼中腾跃而出，转而向艺术家、女巫、幻想者、神秘主义者（一言以蔽之，所有对“他世界”有所经验的人、对此类经验有应对方法的人）那里寻求帮助。

---

① 查尔斯·兰姆（Charles Lamb, 1775—1834），英国散文大家，此处的典故出自兰姆《伊利亚随笔》中一篇很有趣的散文，名叫《论烤猪》。

附录三

类似幻象的特效，以及制造幻象的器具，在大众娱乐方面要比在美术方面发挥了更大的作用。诸如烟火、盛典、舞台布景等，本质上都是幻象艺术，可惜它们为时都很短暂，因此这些艺术的早期杰作只能在历史记载中为人所知。罗马式的胜利凯旋、中世纪的骑士比武、詹姆斯一世[①]时代的化装舞会，以及出现在新王入城式、加冕礼、贵族婚礼、庄严的斩首仪式、封圣大典、教皇葬礼等场景之下如水如龙的绵延队列，凡此盛景，我们所能期待的

① 詹姆斯一世（James I, 1566—1625），英国国王，1603年至1625年在位，同时也是苏格兰国王詹姆斯六世（James VI），1567年至1625年在位。

最好结局，不过是指望它们“在赛特的剧目中又多活一日”。[①]

此类流行的幻象艺术有一个很有趣的特点，即它们都对当代技术有着紧密的依赖。以烟火为例，最早的时候本不过是一团篝火。（对此，我或许要补充一下，当黑夜来临，一团漂亮的篝火仍然是最神奇、也最具有传送魔力的景致之一。凝望着这样的篝火，人们就会理解墨西哥农民的心态：为了开辟新的玉米地，他们放火焚烧一英亩的森林，因这意外之福，火势最终吞没了一平方英里甚或两平方英里的森林，当火光耀天，宛如天启的时候，他们仍兴高采烈。）真正的烟火（至少在欧洲——如果不算中国的话），始于围城之役或海战中人们使用的易燃物，然后在适当的时候，移用到民间娱乐上。罗马帝国时期就曾有过烟火表演，甚至在帝国衰落的时代里，其中一些烟火表演也可谓美轮美奂。公元399年，由马里乌斯·狄奥多鲁斯[②]举办的一场烟火表演，记录者是克劳狄安[③]。

---

① 以利加拿·赛特（Elkanah Settle, 1648—1724），英国诗人和剧作家，由于常年为新任市长的庆典写作颂歌，政治态度多变，急功近利，常攻击其他诗人，故不得人心。英国伟大诗人蒲柏曾在《笨伯咏》（*Duneiad*）一诗中说市长任命庆典“在赛特的剧目中又多活一日”，是讽刺赛特为权贵策划庆典仪式。

② 弗拉维乌斯·马里乌斯·狄奥多鲁斯（Flavius Mallius Theodorus，活动于376—409），公元399年任罗马执政官。

③ 克罗狄斯·克劳狄安（Claudius Claudianus，约370—404），拉丁语诗人。

原文是拉丁语，普拉特劳先生[1]以直率的风格进行了翻译，可惜未能公正地将原文繁缛之句法保留在译文中。

> 去掉平衡物，使活动的起重机降落，降至高高的舞台之上，台上的演员，以整齐划一的手法，旋转着，播撒着火焰。且让火神锻造那火球，使之无碍地滚动于木板之上。且令火焰环绕着舞台上那假横梁；但务请驯服那大火，使它永不得在不可碰触的塔楼中蜿蜒着栖息。

罗马帝国覆亡之后，烟火制造术再一次地只被用于军事艺术中。它所取得的最伟大的胜利，大约是在公元650年的时候，由卡里尼科斯[2]发明的非常著名的“希腊火”。这一秘密武器帮助摇摇欲坠的拜占庭帝国对付死敌，使其苟延残喘了相当长的时间。

在马德里被发现的公元11世纪拜占庭手稿中描绘“希腊火”的插图

① 莫里斯·普拉特劳（Maurice Platnauer, 1887—1974），英国学者，曾翻译克劳狄安的诗歌全集，1956年至1963年间曾任牛津大学布雷齐诺斯学院院长。

② 卡里尼科斯（Callinicus of Heliopolis，大约生活于公元七世纪），拜占庭帝国的炼金术士，因发明“希腊火”（Greek fire）而闻名古代。所谓的“希腊之火”是一种火器，被拜占庭人广泛应用于海战之中，此火器击中敌船之后，火焰能漂浮在水面上继续燃烧。

在文艺复兴时期，烟火又一次回到了大众娱乐的世界。随着化学的每一次进步，烟火也变得越来越光彩夺目。19世纪中叶，烟火制造术达到了技术完美的巅峰，它能将巨量的观众传送至心智对跖点那幻象的世界，而在意识清醒之时，许多观众竟是可敬的卫理公会派①的基督徒、牛津运动②的信徒、功利主义者，或是穆勒③、马克思、纽曼④、布拉德劳⑤、塞缪尔·斯迈尔斯⑥的门徒。在人民广场⑦、在拉内拉赫⑧、在水晶宫⑨，每年到7月4日和14日，

---

① 卫理公会派是新教派别之一，英国人约翰·卫斯理（John Wesley, 1703—1791）创立了基督教（新教）卫斯理宗（Wesleyans），该教派主张基督徒过圣洁的生活和改善社会，注重在群众中进行传教活动。

② 牛津运动（Oxford Movement，又称为Puseyism），19世纪中期由英国牛津大学部分教授发动的宗教复兴运动，又称书册派运动。该运动主张恢复教会昔日的权威和早期的传统，保留罗马天主教的礼仪。代表人物为本文提及的纽曼以及皮由兹（Edward Bouverie Pusey, 1800—1882）。

③ 约翰·穆勒（John Stuart Mill, 1806—1873），英国著名哲学家和经济学家，19世纪影响力很大的古典自由主义思想家。他支持边沁（Jeremy Bentham, 1748—1832）的功利主义。

④ 纽曼（John Henry Newman, 1801—1890），重要的高等教育思想家，“牛津运动”的领导者，原是英国国教圣公会（新教）成员，后皈依天主教，在英国思想界引起极大的震动。1851年，纽曼应邀出任新创办的都柏林天主教大学校长。1852年，他在都柏林作了一系列演讲，阐述了他对大学的基本认识，产生了很大的影响。

⑤ 查尔斯·布拉德劳（Charles Bradlaugh, 1833—1891），英国政治活动家，19世纪英国最著名的无神论者，1866年创建了英国世俗协会（the National Secular Society）。

⑥ 塞缪尔·斯迈尔斯（Samuel Smiles, 1812—1904），苏格兰作家、政治改革家。

⑦ 人民广场（Piazza del Popolo），原文为意大利语，该广场位于罗马。

⑧ 拉内拉赫（Ranelagh），位于爱尔兰都柏林市南城的居民区，有很有名的游乐园。

⑨ 水晶宫（Crystal Palace），英国伦敦一个以钢铁为骨架、玻璃为主要建材的建筑，是十九世纪的英国建筑奇观之一，建成于1851年，最初位于伦敦市中心的海德公园内，是万国工业博览会场地。

当锶的红光、铜的蓝光、钡的绿光、钠的黄光一齐耀眼夺目，群众的潜意识就能回想起，在心理最深之处那块好比澳洲的区域，还有一个“他世界”的存在。

烟火是一门幻象艺术，自古以来，都被用作一种政治工具。国王及其武装侍从、教宗及其教会侍从，他们一身奇装异服、灿烂华丽，却有其实用主义的目的，即使得下层阶级在震撼之中鲜活地感受到他们的主人那超人般的伟大。借助华丽的服装和严肃的仪式，“事实上”的统治权不仅升华为“法律上”的统治权，而且升华为“法律上神圣”的统治权[①]。王冠和教皇的三重冠、杂七杂八的珠宝、绸缎、丝、天鹅绒、俗丽的制服和法衣、十字架、勋章、剑柄、牧杖、三角帽上的羽毛（牧师亦有相似的帽子）、巨大的羽毛扇（使每一次的教廷大会看起来都像是在演歌剧《阿伊达》）——所有这一切，都是具有幻象诱发力的道具，旨在使所有平庸的绅士淑女们看起来像是英雄、女神、六翼天使，于是，在仪式进行的过程中，这些道具给予所有演员和观众们一样巨大而纯洁的快乐。

在过去的两百年中，人工照明技术也飞速发展，从而极大提升了露天盛会以及与之关系密切的舞台布景艺术的效果。第一次

① “事实上”（*de facto*）、“法律上”（*de jure*）、“法律上神圣”（*de jure divino*），原文都是拉丁文。

重要的技术跃进发生在18世纪，当时人们用鲸蜡取代了传统的牛油蜡烛和流体蜜蜡；然后是阿尔冈[1]发明的管状油灯，使火焰所需的氧气能从灯管内和灯管外同时获得；很快，玻璃灯罩发展起来了，终于，在人类历史上，第一次可以在完全没有烟气的情况下通过燃烧油脂获得明亮的光。至于煤气，第一次作为光源使用是在19世纪早期；而到了1825年，托马斯·德拉蒙德发现了一种实用的办法，用通过氢—氧或氧—煤气燃烧所产生的火焰，将石灰加热至炽热状态；与此同时，利用抛物面反射器来聚焦光，形成窄电子束，这一技术也得到了应用。（其实，英国安装这种反射器的第一座灯塔早在1790年就已建成。）

这些发明对露天盛会和舞台布景有深远的影响。在过去，政治的、宗教的仪式或许只能在白天举行（而白天的天气也有阴有晴），或是日落之后靠烟雾缭绕的油灯、火炬或微光摇曳的蜡烛的照明来举行。阿尔冈和德拉蒙德的发明、煤气、石灰灯以及四十年之后发现的电力，使得人们有可能在黑夜那无边的混沌中发现丰裕的岛宇宙，在这些岛宇宙上，金属和珠宝在闪烁，天鹅绒和织锦也发出奢华的光芒，经过技术的强化，这些光芒达到了内在价值的顶峰。伊丽莎白二世[2]的加冕礼，就是传统的露天盛会结合

---

① 阿尔冈（François Pierre Ami Argand，1750—1803），瑞士物理学家、化学家。

② 伊丽莎白二世（Queen Elizabeth II，1926— ），英国女皇，1952年2月6日登基，1953年6月2日加冕女王。

二十世纪照明技术的一个案例，这使之具有极高的魔力。当时情况由电影记录下来，确保这场具有传送魔力的辉煌仪式保留在人的记忆之中（类似的庄严仪式，难免落得无人记得的命运），当时泛光灯照耀之下那耀眼的超自然盛景，将可一直娱乐当代和未来的广大观众。

在舞台上，则有两种相互独立的艺术，一是人类的戏剧表演艺术，一是幻象般的属于“他世界”的场景艺术。这两种艺术的元素在夜晚的娱乐中，或许能结合到一起：戏剧在表演过程中突遭打断，以便让观众欣赏某一幕动人的场景（甚至在表演莎翁的杰作时也经常如此），此时，演员或者静止不动，即使动起来，也绝不以戏剧的方式，而是符合礼仪地、如列队仪式般走动，或像是正式的舞蹈。此处我们关心的自然不是戏剧，我们关心的是戏剧场景，也就是去除政治、宗教寓意之后的单纯的华丽场面。

服饰商、舞台珠宝设计者亦有其小小的幻象艺术，在这些方面，我们的祖先可谓完美的大师。虽然依赖的是单纯的人力，但在制造、使用舞台机械——“特效”装置——方面，他们可并不落后于今人。在伊丽莎白时代和早期斯图亚特[①]时代，假面剧演出时，通常会出现天神下凡、地窖闯出魔鬼的场面，启示录的场景，

① 斯图亚特（Stuart）王朝，是1371年至1714年间统治苏格兰和1603年至1714年间统治英格兰和爱尔兰的王朝。

以及最令人惊讶的变形场面，也常常出现。在这些场景上，浪费了大量的金钱。例如，律师会馆[①]曾为查理一世[②]举行一场表演，耗费超过两万英镑，在当时，英镑的购买力比得上今日（1950年代）的六到七倍。

本·琼森[③]曾经挖苦说："木匠是假面剧的灵魂。"他是因憎恨才说出这种轻蔑话的，当时伊尼戈·琼斯[④]因设计舞台布景而得的报酬，与本·琼森写作剧本所得的报酬竟是一样的。出离愤怒的桂冠诗人显然并不明白，假面剧是一种幻象艺术，而幻象经验是超越词语艺术的（无论如何，甚至连莎翁的绝大部分词语艺术都要甘拜下风），要激发幻象经验，需要的是对事物的直接观感——它将唤起观者对自身意识那未经探测的对跖点之处一切事情的记忆。假面剧本质如此，因此，它的灵魂永远都不可能是本·琼森风格的剧本，而只能是木匠。但是，甚至木匠也不可能是假面剧的全部灵魂。

当幻象经验从人的内心深处涌现，它总是充满超自然的明亮。但是，早期的舞台设计师能掌握的照明工具，却没有能超过蜡烛

---

① 律师会馆（Inns of Court），是英格兰和威尔士律师的一个行会组织。

② 查理一世（Charles I, 1600—1649），从1625年起成为英格兰、苏格兰、爱尔兰三国国王。1648年，英国爆发资产阶级革命，1649年，查理一世被送上断头台。

③ 本·琼森（Ben Jonson, 1572—1637），17世纪英国剧作家、诗人、文学批评家，在英国文学史上影响巨大，1619年被定为英国的桂冠诗人。

④ 伊尼戈·琼斯（Inigo Jones, 1573—1652），英国早期现代史上第一位重要的建筑师。

的。近距离看，蜡烛能创造最具魔力的光芒和阴影。伦勃朗和乔治·德拉·图尔的幻象绘画中的人与事，都是被置于蜡烛光中的。不幸的是，光线遵从着平方反比定律，演员穿着易燃的、梦幻般的服装，又要离着蜡烛安全的距离，实在是太不合适。比如，隔着 10 英尺的距离，就需要 100 枝最好的蜜蜡小蜡烛，才能造出一个尺烛光[①]的照明效果。因为照明效果如此可怜，所以，假面剧的幻象潜力只有一小部分得以发挥；其实，它的幻象潜力真正全部发挥出来，需要等到其初始形式消失很久之后。一直等到 19 世纪，科技的进步使得剧场配备了石灰灯、抛物面反射器，才使得假面剧完全兴盛起来。在维多利亚女王统治之下，是所谓的圣诞节哑剧和奇异布景的全盛时代。单看这些剧的名字——《阿里巴巴》《孔雀之王》《金枝》《珍宝之岛》——就是魔力十足的。此类剧目舞台魔力的灵魂，是木匠和裁缝；而其内在的精神与“生命火花”[②]，则是煤气、石灰灯，以及 1890 年代之后的电力。

这是在戏剧的历史舞台上，第一次由最为明亮的白炽之光照向描画好的幕布、服饰、玻璃、黄灿灿的珠宝赝品，如此一来，它们便能将每一名观众传送至心智背面的“他世界”——不管此人何等完美地适应了社会（甚至是维多利亚时代中期的英格兰）

① 尺烛光，照明单位，指每英尺距离内的照明度。

② 原文为拉丁文。

生活的紧急状态。至于今日，人类算是走运了，我们能够浪费50万马力的电能用于照亮夜晚的大都市。虽然这表明人造光已贬值，然而在戏剧场面上，人造光依然保留着它旧日那引人注目的魔力。在芭蕾舞剧、滑稽剧、歌舞喜剧的舞台上，当年那假面剧的灵魂依然在大踏步前进。上千瓦的灯和抛物面反射器投射出超自然的光束，这超自然的光束则在它触及的每一个事物上唤起超自然的色彩和意义，甚至最为蠢笨的场面，也能表现得美轮美奂。这正像是召唤一个新世界来平衡旧世界——亦即用幻象艺术来弥补太过庸常的日常戏剧。

如果那是阿塔纳斯·珂雪[①]的发明——当然是他的发明——，那么从一开始，它就被命名为"魔力灯笼[②]"。这个名字到处使用，且完美地匹配这具机器——它的原材料是光芒，而其完成的作品则是自黑暗中涌现的一幅彩色图片。为了使原始的魔力灯笼表现出更多的魔力，珂雪的后继者们发明了许多方法，试图将生命和运动赋予到投射的图像上。比如"旋转彩色"[③]幻灯片，是用两片彩色玻璃圆盘，在相反的方向旋转，以此模仿（虽然粗糙但仍然很有效果）那些始终处于变化之中的三维图像，实际上，那些无

① 阿塔纳斯·珂雪（Athanasius Kircher, 1602—1680），17世纪德国耶稣会士，一个百科全书式的学者，出版有40多部主要著作，在比较宗教学、地质学、医学方面均有所建树。

② 原文为意大利语。

③ 原文为*Chromatropic*，源于捷克语。

论是自发地，还是因药物、禁食、频闪灯的诱导而看见过幻象的人，都曾见过这些图像。又比如“渐隐画面”，它提醒观众，在他日常清醒意识的对跖点处，事物的变形正在不断发生。为了使一种场景不知不觉间变化为另一种场景，需使用两盏魔力灯笼，同时在屏幕上投射出图像，每一盏灯笼都配备一个快闪，并进行如下的设计：使其中一盏灯笼的光逐渐暗淡下去，而另一盏灯笼的光（原是完全暗淡的）则逐渐明亮起来。如此以来，第一盏灯笼投射的场景，不知不觉就被第二盏灯笼投射之场景所替代，这使得所有的观众何等之欣喜若狂、惊愕不已呀。

另一个设备是移动魔力灯笼，它将图像投射在一块半透明的幕布上，而幕布远端则是观众。当灯笼滚动着靠近幕布，投射的图像越来越小；当灯笼往回滚动，投射的图像则越来越大。为此还配备了一种自动聚焦装置，可以确保变化的图像在任何距离都

魔术幻灯效果图

是锐利、清晰的。1802年，这种新的西洋镜发明者为之杜撰了一个新词：“phantasmagoria”，魔术幻灯。

约翰·马丁
（John Martin）

所有这些对魔力灯笼进行的技术改进，与浪漫主义文学艺术的复兴是同步的，那时有众多的诗人和画家或许因魔力灯笼的影响而选择了某些题材，其处理题材的方法或许也受到了影响。例如，《仙后麦布》《伊斯兰的反叛》[1]这两首诗中满是“渐隐画面”和“魔术幻灯”。济慈[2]在描绘场景、人物、室内、家具、光线时，具有一种强烈的光亮质地，有如在黑暗的屋子里将彩色的图像投射在白布之上。约翰·马丁[3]在表现撒但和伯沙撒[4]时，在表现地狱、巴比伦、大洪水时，明显受到了“旋转彩色”幻灯片以及由石灰灯所照亮的戏剧性生动场面的启发。

---

① 《仙后麦布》（*Queen Mab*）和《伊斯兰的反叛》（*The Revolt of Islam*），都是雪莱的作品。

② 约翰·济慈（John Keats，1795—1821），杰出的英国诗人作家之一，浪漫派的主要成员。

③ 约翰·马丁（John Martin，1789—1854），英国浪漫主义画家、雕刻家、插图画家。

④ 伯沙撒（Belshazzar），新巴比伦王国的最后一位统治者，尼布甲尼撒之子。《圣经·旧约·但以理书》第5章里记载了关于他的一些事。

约翰·马丁《伯沙撒的盛宴》
John Martin - *Belshazzar's Feast*

约翰·马丁《所多玛和蛾摩拉的毁灭》
John Martin - *The Destruction of Sodom and Gomorrah*

20世纪，可与魔力灯笼表演相提并论的是彩色电影。在这些奢华、庞大的“大片”中，假面剧的灵魂依旧在阔步前行；对具有幻象诱发力的幻想世界，它们的态度有时粗犷，有时却也表现出较细的品味和真情。此外，因为技术的进步，高手制作的彩色纪录片，被证明是一种受人瞩目的、新的大众幻象艺术。在迪士尼公司制作的《沙漠奇观》[①]的结尾，观众看到那被无限放大的仙人掌花，无不沉迷流连，因这些被无限放大的花朵其实直接来自“他世界”。想想看，在最好的自然生态电影中，得以呈现的万物——风中的植物、岩石与沙砾的纹理、草地或芦苇丛中的阴影和绿宝石般的光芒，还有那些在灌木丛或森林的树枝间穿梭往来的鸟儿、昆虫、四足的兽——它们具有何等的传送魔力啊！这不就是那些曾经令“千叶[②]挂毯”的制作者、描绘花园和狩猎景致的中世纪画家魂牵梦萦的神奇的近景吗？这不就是远东的艺术家们所描画的最美的一些作品的主角——生机活泼的自然中那被放大、剥离的细节吗？

然后就是所谓的“变形纪录片”，它是幻象艺术的一种新形式，

① 《沙漠奇观》（*The Living Desert*），迪斯尼公司1953年拍摄的一部自然纪录片，记录了美国西南部沙漠地区动物的日常生活，该片获得1953年奥斯卡最佳纪录片奖。

② 千叶，原文为法语，Mille-feuille，意为“千层叶子”，是一种很有名的法式甜馅饼，又名“拿破仑酥”。此处是用的隐喻，形容挂毯的结构。

自然纪录片《沙漠奇观》尾声部分有非常多近距离拍摄
仙人掌开花的镜头，非常艳丽、迷幻

弗朗西斯·汤普森先生[①]的《纽约，纽约》对之进行了令人钦佩的探索。在这部怪异然而美丽的影片中，我们看到的纽约城似乎是通过多层棱镜拍摄出来的，或者是通过勺子、锃亮的轮毂、球形的抛物面反射镜的背面来予以呈现。我们仍然可以辨认出房子、人群、店面、出租汽车，但是它们成为了那些活动几何体的构成要素——这些活动的几何体在幻象经验中又是何其典型的啊。

这种新电影摄制艺术的发明，似乎预示了非具象绘画的式微、被替代（谢天谢地！）。非具象派画家们过去常说，彩色摄影使得旧式人物画、风景画成为了冗余和荒谬。这当然不正确。彩色摄影仅仅是一种可复制的方式，记录和保存人物画家、风景画家们赖以创作的原材料。而从汤普森先生的拍摄手法来看，彩色电影不仅可以记录和保存非具象派艺术家们赖以创作的原材料，它事实上还可以变成一部完成的作品。观看《纽约，纽约》时，我惊讶地发现，在过去 40 年甚至更长时间以来，那些非具象派艺术大师们发明的所有绘画技巧，亦即那些学院派的知识分子和矫揉造作之辈令人作呕地加以复制的技巧，几乎都出现在汤普森先生的电影之中，却又是那么的生动、光彩洋溢、意义丰盛。

人类投射强光的能力不仅使得一种新的幻象艺术被创造出来，

---

① 弗朗西斯·汤普森（Francis Thompson，1908—2003），美国纪录片导演、制片人。

作为一部实验影片，
《纽约，纽约》展现了它独有的先锋性质

亨利·菲斯利
（Henry Fuseli）

而且也赋予了一种最古老的艺术新的幻象气质，即雕塑艺术，它过去是没有这样的气质的。我曾在前面的某段提到，泛光灯照在古迹和自然物体上，能造成魔幻般的效果[①]。当我们将聚光灯照在石雕之上的时候，相似的效果也能看到。菲斯利[②]某些最好、最狂野的绘画灵感，来自于他对蒙泰卡瓦洛[③]雕塑的研究——诸如落日之下的雕塑，或更好的是午夜闪电照亮的雕塑。今天，我们放弃了人造落日和合成闪电[④]，因我们可以从任何角度，并以任何强度照亮雕塑，如此一来，雕塑具有了新的价值，亦呈现出毋庸置疑的美丽。在某个夜晚去参观卢浮宫吧，泛光灯将照亮这些希腊和埃及的

① 在本书中，并未看到这段文字，可能是作者草稿中有某段文字，但原书出版时被删除了。

② 亨利·菲斯利（Henry Fuseli，1741—1825），瑞士画家、艺术作家，常年在英国生活。

③ 蒙泰卡瓦洛（Monte Cavallo），意大利马切拉塔省的一座市镇。

④ 这里指的是在绘画中呈现光线之下的雕塑。

亨利·菲斯利《法斯塔夫藏身洗衣篮》
Henry Fuseli - *Falstaff in the Laundry Basket*

古物，而你将遇见全新的神祇、宁芙女神和法老，当一束聚光灯熄灭，而另一束聚光灯从另一个角度点亮时，你将与原本陌生的萨莫特拉斯的胜利女神[1]一家子倾盖如故。

历史并非僵化而不可变更，每一代后人都会在当下的品味和喜好的背景之下，重新发现某些历史现象，重新评估其价值，重

① 萨莫特拉斯的胜利女神（Victories of Samothrace），公元前2世纪的一件大理石雕塑作品，雕刻的是胜利女神耐克（Nike）。该雕塑原本是希腊爱琴海北部岛屿萨莫特拉斯（Samothrace）一座神庙建筑群里的作品，后于1884年被运至卢浮宫安放。雕塑自然只有一个，作者说“胜利女神一大家子”，应该是形容在多角度光线的照耀下，雕塑形成的影子。

新定位其意义。因此，在同样的文件、纪念碑、艺术作品中，每一代人都会发现属于本时代的“中世纪”、“私人化的中国”和“获专利版权保护的希腊”。至于今日，因照明技术的最新发展，我们能比祖先更进一步。现在，我们不仅能重新解释古代流传下来的伟大雕塑作品，甚至已经成功改变了这些作品的物理外表。当我们用一道陆地和大海之上永远不会出现的光来照亮它们，当我们从最诡异的角度以一连串零碎的特写来拍摄它们，希腊雕塑将呈现出新貌，与艺术批评家、大众在昏暗的画廊中所见的希腊雕塑以及古代高雅的雕刻作品比起来，几乎毫无相似之处。任何一个时代的古典艺术家，其目标是要为混乱的经验赋予秩序，并呈现一个人类可以理解的理性的现实画面，在这样的画面中，一切都清晰可见，一切都富有内在联系，如此则保证观众精确地知道（更准确一些说，是想象自己知道），此是何物，彼是何物。但对于今人来讲，这种理性与秩序的理想已毫无吸引力。因此，当我们面对古典艺术作品时，我们竭尽全力所做的事情，就是使这些作品看起来描绘的是别样物体（这绝非创作者的本意）。一个作品的整体意义，在于它是一种概念的统一体，而今人却只选择作品中某个单一的特色，然后以探照灯集中照亮此特色，于是，它摆脱了完整语境，被强行推入观众的意识之中。当我们觉得某个轮廓的延续性似乎太过分，太过明显，很轻易就能被人理解时，我们就让耀眼的一片片光和不可穿透的阴影交替出现，来打碎它的条理性。当我们拍摄雕刻的个体或群像时，我们会用相机截取雕塑的某一部分，使之脱离整体，显出谜一般的独立性，以此向世人展示。以此等方式，我们可以解构最严肃的古典作品。经过光的处理，接受专业摄影师的拍摄，一件菲狄亚斯[1]的作品将变成哥特式表现主义的作品，一件普拉克西特利斯的作品也将化为超现实[2]之物——是从潜意识最泥泞的深处挖掘而出的东西。

菲狄亚斯的雅典娜复制品

这对艺术史来说恐怕并非妙事，但却绝对非常有趣。

① 菲狄亚斯（Pheidias，约前480—前430），希腊雕塑家、画家、建筑师。
② 原文为法语。

附录四

乔治·德拉·图尔先是做了故乡洛林[1]当地公爵的常任画师，后来又做了法兰西国王的常任画师，在他生时，世人公认他为伟大的艺术家，这自然毋庸置疑。但是，随着路易十四[2]登基，以及凡尔赛宫廷新的艺术潮流兴起，并得到精心培育——这一新艺术在主题上是贵族的，在风格上是清晰的古典之风——图尔这位曾经的名人声誉骤降，降得如此彻底，以至于两代人之后就无人记得他的名字了，他存世的作品则被划归到如下诸人的名下：勒南

① 洛林（Lorraine），法国东北部的一个地区。

② 路易十四（Louis XIV, 1638—1715），法国波旁王朝著名的国王，自号太阳王。

兄弟、洪特霍斯特[①]、苏尔瓦兰[②]、穆里略[③]，甚至包括委拉斯凯兹[④]。直到1915年，世人才重新发现图尔，实际上，直到1934年，图尔才彻底重出人间，当时卢浮宫举办了一场很有名的“现实主义画家展”。在被世人忽略将近三百年后，最伟大的法兰西画家之一终于开始伸张他的权利。

乔治·德拉·图尔是那种性格外向的幻想者，其作品忠实地反映着外部世界的某些方面。不过，在作品中它们被升华了，因此，每一个细枝末节都具有了内在意义，变成对“纯粹之物”的说明。他绝大多数的作品中，人物都是被一枝蜡烛所照亮。正如卡拉瓦乔和那些西班牙画家们曾展示过的，单单一枝蜡烛亦能造就最为宏伟的舞台效果。

但是图尔对舞台效果没有兴趣。他的作品中没有任何戏剧性的东西，既无悲剧、惨痛、奇风异俗，也无行动的展示，也并不吁求情感——即人们走到剧院予以宣泄并在宣泄之后重获平静的那种情感。他画中的人物本质上是安静的，他们无所作为，只是单纯地“在那儿”——与花岗岩的法老，或高棉人的菩萨，或皮

① 洪特霍斯特（Gerard van Honthorst, 1592—1656），荷兰画家。

② 苏尔瓦兰（Francisco de Zurbarán, 1598—1664），西班牙画家。

③ 穆里略（Bartolomé Esteban Murillo, 1617—1682），西班牙巴洛克画家。

④ 委拉斯凯兹（Diego Rodríguez de Silvay Velázquez, 1599—1660），西班牙画家，以肖像画闻名。

耶罗的某个扁平足天使的“在那儿”一模一样。而他画作中的每一枝蜡烛，都被用来强调这种强烈的、但并不激昂的、客观的“在那儿”状态。通过将常见事物置于不常见的光线之中，光芒照出那纯粹之存在鲜活的神秘，和难以言诠的神奇。在他的画作中宗教性很少，因此在许多情况下，是无法判断观者所见的究竟是对《圣经》的图解，还是对烛光所展示的模特儿的研究。也不知他那幅《降生》，是真的关于耶稣的诞生呢，或仅仅是一个普通人的降生？而那幅有关一个老者在少女目睹之下熟睡的画，是否真的只有画面上的含义？还有，那传信的天使在监狱里拜访的，真的是圣彼得吗？对此没有办法给出确定的答案。但是，虽然图尔的艺术完全与宗教无关，它却仍然具有深刻的宗教意义，我指的是它以其史无前例的艺术强度，揭示出神圣的无所不在。

必须要补充的是，作为一个人，这位描绘出上帝无所不在的伟大画家，似乎是骄傲的、冷酷的，他的贪婪和霸道是令人无法忍受的。这再一次表明，艺术家的作品和他的为人之间，从来没有完全一致过。

乔治·德拉·图尔《圣若瑟之梦》
Georges de La Tour - *El sueño de san José*

附录五

维亚尔以近点的视角作画，他的画大部分是画室内，但有时也画花园。在好几幅作品中，他竟能将近景的魔力与远景的魔力结合在一起，方法是描绘屋子的一个角落，在那角落里立着或挂着一幅他本人的或别人的远景画，画有树林、山峦、天空。两个世界皆完美地进入他的画作，只看一眼，等于同时享受了望远镜和显微镜的乐趣。

至于其他作品，我只能想到少数几幅近景画，是现代欧洲画家所创作的。比如凡·高那幅怪异的“灌木丛”（现藏于大都会博物馆），比如康斯特布尔美妙至极的《海明汉姆公园的小山谷》（现

约翰·康斯特布尔《海明汉姆公园的小山谷》
John Constable - *The Dell at Helmingham Park*

藏于泰特美术馆），又比如米莱[①]的那幅《奥菲莉娅》，尽管非常糟糕，可是因为采用的视角极其近似一只水鼠，使得夏的绿色呈现出纷繁错综之美，于是充满了魔力。我还记起，很久之前在某个租借品画展上，惊鸿一瞥间，我看到过德拉克洛瓦[②]的一幅画，画的是最近之处的树皮、叶子、花朵。

---

① 约翰·艾佛雷特·米莱爵士（Sir John Everett Millais，1829—1896），英国画家、插图画家。奥菲莉娅是莎翁戏剧《哈姆雷特》里的角色，为哈姆雷特的恋人，溺水而亡。

② 欧仁·德拉克洛瓦（Eugène Delacroix，1798—1863），法国画家，法国浪漫主义画派的领军人物。

约翰·艾佛雷特·米莱爵士
（Sir John Everett Millais）

欧仁·德拉克洛瓦
（Eugène Delacroix）

一定还有其他的画作，可我要么是遗忘了，要么根本就没有见过。但是无论如何，与中国和日本画家们在近景处理自然的技巧相比，西方画家们实在是望尘莫及。在远东画家的笔下，一树盛放的李子花，十八英寸高的竹子及其细叶，离灌木丛不到一臂距离之外的山雀和燕雀，种类繁多的鲜花与植物、鸟类、游鱼以及微小的哺乳动物，凡此微小的生命，无不成为各自宇宙的中心，而在它们自身的观照中，此世界及其中的一切无非为它们所创造的。每个生命便是如此发出其独特的、个人的独立宣言，脱离人类的帝国主义；每个生命也以其讽刺的暗示，嘲弄人类那荒唐的自高自大——竟为宇宙游戏的行为制定唯一的人类规矩；每个生命也在沉默地重复着神圣的话语：“我是自有永有的”。

中等距离的自然是人们都很熟悉的，熟悉到以至于我们受到欺骗，以为果然知道一切。若在非常近的距离，或隔着很远的距离，或在很怪的角度观望，那么，自然看上去似乎奇怪到令人不安，虽然却也美妙到超越人的想象。中国、日本有很多的近景风

约翰·艾佛雷特·米莱爵士《奥菲莉娅》
Sir John Everett Millais - *Ophélie*

景画，都是对如下主题的图解：轮回，涅槃为一，“纯粹之物”显身万物之中。这种伟大的真理，虽玄虚却又务实，而远东那些受到禅宗激励的艺术家们，还有另一种方式表达这真理。在他们那近景地观照之下，所有绘画对象都被表现为一种与世无争的态度，呈现于纯白的一张纸或一匹丝的空无之上。它们遗世而独立，其短暂的现身遂表现出一种绝对的“物自在”状态。而西方的艺术家们，只在描画神圣的人物、肖像画，有时是在远景地描画自然物体时，才用到这种技巧。伦勃朗的《磨坊》、凡·高的《柏树》，是远景风景画的例子，在这两幅画中，通过将绘画的对象孤立的

伦勃朗《磨坊》
Rembrandt - *The Mill*

凡·高《麦田里的柏树》
Vincent van Gogh - *Wheat Field with Cypresses*

方式，一种单一的特征被绝对化了。戈雅的许多蚀刻画、素描和油画之所以具有魔力，可以解释为在他的创作中，几乎总是采用一些轮廓样式——甚至只是单一的轮廓，并将之置于空无的背景之中。在这些轮廓之下的形状，具有幻象的特质，显出内在的意义，这种意义因绘画对象的被孤立，也因为它们面对超自然的强度时那种与己无关的态度而被强化了。

在自然之中，正如在一件艺术品中，客体一旦孤立，即易于获得绝对性，并富有超越符号之上的意义——与存在一致。

但是，许许多多树中有棵树，
有我曾经观看过的一片壤土，
它们总在把哪一件往事追溯。[1]

此处华兹华斯所言再也不能看见的“往事”，实际上就是那“幻象之光芒”。我记得这光芒，而其内在的意义是一棵孤独橡树的本性；在往来于雷丁与牛津的火车上，我曾见过那棵树，那是在一片辽阔田地之上的一座小山丘上，它渐渐耸起，其轮廓凸显在灰色的北方天空之下。

① 见华兹华斯的诗《颂歌：忆幼年而悟不朽》第四节，黄杲炘译本。（《华兹华斯抒情诗选》，上海译文出版社，1986年，P184）

孤立与近景结合，其全部的魔幻般的陌生化效果或许可以在一位 17 世纪日本画家的一幅非比寻常的画作中予以斟酌，他同时是一位著名的剑客，也是禅宗的一个门徒。此画画的是一只屠夫鸟[①]，栖息于光秃秃的枝头，“无为而等待，状若至紧张。”然而，在其身下和周遭空无一物。此鸟自“空”浮现，自那永恒的无名、无形之中浮现，彼处却正是那多维的、具体的、刹那的宇宙真实本质。

那只栖息于光秃秃枝头的屠夫鸟，正是哈代笔下冷冬之鸫鸟[②]的嫡亲呢。但是，维多利亚时代的鸫鸟坚持要教训世人，与之相比，远东的屠夫鸟则仅仅满足于存在而已——强烈地、纯粹地“在那儿”。

---

① 屠夫鸟，即伯劳，亦称为鸫鸟。

② 此处所指的是哈代一首有名的诗，叫《黑暗中的鸫鸟》(*The Darkling Thrush*)，写于1900年12月31日。中文译本见《梦幻时刻—哈代抒情诗选》，飞白、吴笛翻译，中国文联出版公司，1992年。

附录六

许多精神分裂症患者，他们大多数的时光不是在地球上，不是在天堂里，甚至也不是在地狱中度过，而是身处在一个灰色的、朦胧的世界，充满了幻影和不真实。某些精神病患者，所受的精神折磨较轻，但也在较小的程度上感受着如上的世界。近来人们发现，服食肾上腺素的一种衍生物（肾上腺黄素）时，只要一丁点的剂量，就有可能诱导人进入这种鬼魅的世界之中。

对于生者而言，打开天堂、地狱和地狱边缘的大门，无需“一对巨大的金属钥匙”，而只需在血液之中注入一套化合物，同时抽除另一套化合物。一些精神分裂症患者和精神病患者寄居其中的阴影世界，与一些早期的宗教传统中所描述的阴间世界非常相似。

这些饱受精神折磨的人，与荷马史诗中冥王哈德斯治下阴间里的鬼魂一样，不能与物体、语言、同伴有任何接触。他们再也不能拿捏生命，而是陷于“无用”、“孤独”、“寂灭”的永恒诅咒之中，只能在鬼魂发出无意义的吱吱声、喋喋不休声之时，偶得缓解。

末世论的发展史上，出现了一次真正的进步。这一进步可以做如下描述：在神学的意义上，哈德斯的冥府被天堂代替；在化学的意义上，肾上腺黄素被麦司卡林和麦角酸代替；在心理学的意义上，紧张症和不真实感被高度真实的幻象、最终被神秘主义的经验所代替。

附录七

杰利柯是一位消极的幻想者，虽然他的艺术几乎都是着魔般地忠实于自然，但是这个自然在他的理解和画笔处理过程中，被神奇地变形了——不过是往消极的方向。他曾经这么说过："我开始描画一位妇人，但最终笔下出现的是一头狮子。"实际上，更常出现的情况是，他笔下出现的是还不如狮子的某个东西，例如像是一具尸体，或者恶魔。他有一幅杰作，就是那惊煞众人的《美杜莎之筏》，此画并非照着生命所作，而是照着死亡与腐烂：医学生提供给他少量尸体，躯干则来自他的一位皮包骨的朋友，面庞也来自这位朋友——他因患了肝病而显出黄疸的样子；甚至就连那漂浮的竹筏之下的波浪，就连那笼罩一切的天空，也都是尸体的颜色。似乎整个宇宙都变成了一间解剖室。

西奥多·杰利柯《埃普索姆的德比赛马》
Théodore Géricault - *The Derby of Epsom*

西奥多·杰利柯《风暴中的马》
Théodore Géricault - *Horse in the Storm*

还有他那些恶魔般的画作。很明显，德比[①]在地狱中狂奔，背景则是相当红火的——虽然黑暗清晰可见。还有那匹“被闪电惊吓的马”[②]，现藏于伦敦国家美术馆，这幅画呈现出在那冻结的瞬间里，在熟悉的事物之中隐藏的陌生性、凶险甚至恶魔般的他性是如何腾身而出的。在大都会博物馆，还收藏了画家的一幅儿童肖像画[③]。可那是一个什么样的儿童啊！披着色彩斑斓的明亮夹克的小可爱，正是波德莱尔所称的“萌芽的撒但[④]”啊！还有那幅裸体男人图，也藏于大都会博物馆，那男人并非别人，正是萌芽的撒但长大后的样子呀！

① 此处所指的是一幅名为《埃普索姆的德比赛马》（*The Derby of Epsom*）的画作。德比是一种赛马的名字，目前多用于足球比赛中两支同城球队的较量。

② 此处所指，是另一幅画作《风暴中的马》（*Horse in the Storm*）。

③ 此处所指应是《孩童时的阿尔弗雷德·德·德勒》（*Alfred de Dreux as a Child*）。

④ 原文为法语，*un Satan en herbe*。

西奥多·杰利柯《孩童时的阿尔弗雷德·德·德勒》
Théodore Géricault - *Alfred de Dreux as a Child*

西奥多·杰利柯《拿着长矛的裸体战士》
Théodore Géricault - *Nude Warrior with a Spear*

根据他的朋友们留下来的记载，很明显，杰利柯习惯于将自己周边的世界看作一连串幻象般的天启。他早期的画作《狩猎的军官》中那匹后脚腾跃的马，是他在某日早晨前往圣克卢[①]的路上，在艳阳高照下一道灰蒙蒙的强光中，在一辆公共汽车的车轴之间所见到的[②]，当时，那匹马在暴跳着、猛冲着。而《美杜莎之筏》中的人物，则是他以严谨的细节，一笔一划，一个人一个人地描画在纯白的画布之上；画家先前并未就全图的构思画出草稿，也没有为整体和谐的色调色彩而做任何渐进的构建。于是，在《美杜莎之筏》中，每一细节——腐烂的身体、身受肝炎极度折磨的鬼魅般的病人——都照着他所见的样子予以完整地描绘，从而完成了艺术创造。

这是天才的奇迹！接连不断的每一次天启，都预言般地、恰如其分地植入一个和谐的作品之中，而在那第一个恐怖幻象被移至画布之上前，它们可都只是存在于这位艺术家的想象之中。

---

① 圣克卢（Saint-Cloud），位于法国巴黎西郊的一个市镇。

② 早期的公共汽车是由马来拉的。

西奥多·杰利柯《狩猎的军官》
Théodore Géricault - *The Charging Chasseur*

附录八

在《衣裳哲学》一书中，卡莱尔[①]留下了他的“精神—生理”传记作者詹姆斯·哈利迪博士[②]所称的“一份有关心灵的精神状态的令人吃惊的描述，主要部分是压抑的，个别部分则是精神分裂的”（见《我的病人卡莱尔先生》一书）。

卡莱尔写道：“我身边的所有男男女女，甚至是在和我说话的人，都不过是一个个形象；我几乎忘记了，他们是活生生的，不

---

① 托马斯·卡莱尔（Thomas Carlyle, 1795—1881），苏格兰著名的哲学家、讽刺作家、散文家、历史学家。《衣裳哲学》（Sartor Resartus）是他早期的一本书，描写了作者的精神转变。

② 詹姆斯·哈利迪（James Halliday, 生卒年不详），美国心理学家，《我的病人卡莱尔先生》（Mr Carlyle, my Patient）是他研究托马斯·卡莱尔的一部作品。另外，他还著有《社会心理学病灶研究：解剖疾病社会》（*Psychosocial Medicine: a Study of the Sick Society*）一书。

仅仅是自动的机器。友谊这东西，不过是一个令人匪夷所思的传统。在拥挤的街道上，在汹涌的人潮中，我孤独地行走，也是狂怒地行走，仿佛丛林中的一头猛虎（只是，我吞噬的并非他人的心灵，而是我自己的心灵）……对于我来说，宇宙无生命、无意义、无意志，甚至也无敌意；它只是一个巨大的、无生命的、无限的蒸汽机，在其死寂般的冷漠中不断滚动，碾压我的肢体，一截又一截……我既失去希望，便再无任何明确的恐惧，无论是对人的恐惧，还是对魔鬼的恐惧。然而，非常奇怪的是，我却身处某种持续不断的、无边无际的、令人憔悴的害怕之中，我浑身战栗、胆怯懦弱，却不知为何害怕；看上去，似乎上自天堂下至地狱的一切事物都将来袭击我；似乎天堂与地狱只不过是一尊弥漫天地之间的恶魔的下巴，而我正在其间，浑身发抖，等待被吞噬。”

蕾妮和其他的英雄崇拜者们显然也描绘过同样的经验。双方都体会到有一种“无限”以某种形式存在，在卡莱尔那里是“无限的蒸汽机”，但在蕾妮那里却是“体制”。同样，对于双方而言，一切皆有其意义，但这意义是消极的，因此，所有一切就完全没有价值，极其不真实，全部自称为“人类”的，不过是一个个发条装置的傀儡，历经种种荒诞的行为：工作、游戏、恋爱、仇恨、思考、雄辩、英勇、圣洁——行为之多任你列举。然而，机器人自然可以夸耀自己多才多艺，可终究是机器人，一无所是。

当人类进入 21 世纪，科学、神学、哲学、文学、艺术、政治、军事、文化等各领域都取得了伟大的成就，但普通大众对人类自身所处的这一纷繁复杂的世界的认知程度却依然非常有限。“Reflection { 不重要 }”以完全中立并独立的视角，与读者一起阅读人类历史进程中不同时空、不同观点的优秀图书作品。

REF 016 密码女王（精装）

改变当今科学技术的传奇女性！从莎士比亚作品密码分析员到纳粹间谍捕手，现代密码学先驱伊丽莎白·弗里德曼惊心动魄的人生故事，女性版《模仿游戏》！

ISBN 978-7-5699-2911-9

REF 015 权力精英（精装）

美国著名社会学家 C. 赖特·米尔斯经典力作。揭示美国上流阶层环环相扣的权力结构，勾勒美国精英主义的社会图景。

ISBN 978-7-5699-1500-6

REF 014 卢丹的恶魔（精装）
法国神父“附魔”案

法国历史上的绝命冤案，神父与修女荒淫无度，究竟因为被魔鬼附身，还是权力阶级陷害？

ISBN 978-7-5699-2568-5

REF 013 失控的正向思考

“正能量”不总是正确的，真正的正向思考不是凡事都乐观，而是拥有面对现实的勇气。这本书教你不做“积极废人”。

ISBN 978-7-5699-2283-7

REF 012 恶女
普通女性为何化身连环杀人狂

欧美犯罪心理学权威专家彼得·佛伦斯基代表作，全面揭秘骇人听闻的女性连环杀手罪案现场。

ISBN 978-7-5699-2285-1

REF 011 暗网

全面深入揭秘暗网的幕后世界和操纵者，现实中所有的罪恶，在暗网中，都是明码标价的商品。

ISBN 978-7-5699-2330-8

REF 010 死亡的视线
医学、谋杀指控与临终抉择争议

在濒死边缘，医学是要不惜一切代价保全生命，还是减轻临终病患的痛苦？

ISBN 978-7-5699-2305-6

REF 009 永远的现在时
失忆症患者 H. M. 留给后世的礼物

一个记忆只有 30 秒的男人的真实故事。他的失忆症悲剧，却带来人类医学的伟大进步。

ISBN 978-7-5699-2323-0

REF 008 召唤

沃伦夫妇的惊凶职业实录

《招魂》和《安娜贝尔》等恐怖影片的灵感来源，这可能是一本强烈颠覆你以往对闹鬼、幽灵、驱魔认识的著作。

ISBN 978-7-5699-1518-1

REF 007 知觉之门 / 知觉之门（精装）

英国伟大作家阿道司·赫胥黎最具献身精神的作品，用迷离文字记录下亲自服用迷幻剂后的超感官体验。

ISBN 978-7-5699-1434-4
ISBN 978-7-5699-3045-0（精装）

REF 006 人贩

难民危机中的罪恶生意

大量一手材料、深入调查还原世界范围内罪恶的地下人口交易，地球上的“犯罪丛林”正在捕获一个个普通人。

ISBN 978-7-5699-1418-4

REF 005 亚伯拉罕·林肯传

充分地了解亚伯拉罕·林肯个人的方方面面，进而也可以了解美国的历史，从而理解今天的民主世界。

ISBN 978-7-5699-1170-1

REF 004 极简进步史

人类在失控中拨快末日时钟

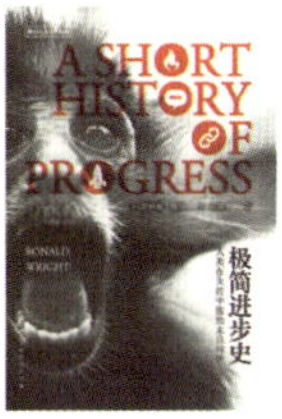

科技的不断发展是引领人类进步还是毁灭？

英国国宝级非虚构大师罗纳德·赖特震撼白宫的惊世小书。

ISBN 978-7-5699-1150-3

REF 003 来份杂碎

中餐在美国的文化史

中餐文化在美国发展的趣味历史，以中餐和华人在美国的历史为线索，引出一段“舌尖上的中国”不会讲给你听的美国中餐文化传奇。

ISBN 978-7-5699-0703-2

REF 002 天谴行动

以色列针对“慕尼黑惨案”的复仇

以色列摩萨德特工自述真实经历，挑战西方文明的 20 世纪大案纪实。

史蒂文·斯皮尔伯格导演、奥斯卡热门影片《慕尼黑》原著作品。

ISBN 978-7-5699-0465-9

REF 001 重返美丽新世界 / 重返美丽新世界（精装）

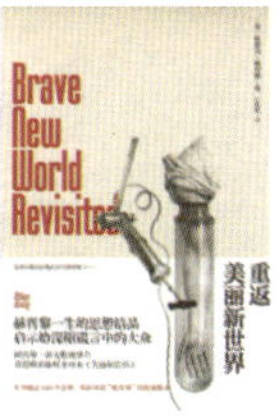

20 世纪英国著名作家阿道司·赫胥黎晚年集社会学、心理学和传播学于一体的伟大论著，国内首部无删减版本。

ISBN 978-7-5699-9942-2
ISBN 978-7-5699-3044-3（精装）

图书在版编目（CIP）数据

知觉之门 / (英) 阿道司 · 赫胥黎著 ; 庄蝶庵译 . -- 北京 : 北京时代华文书局 , 2019.6
ISBN 978-7-5699-3045-0

Ⅰ . ①知… Ⅱ . ①阿… ②庄… Ⅲ . ①个性心理学Ⅳ . ① B848

中国版本图书馆 CIP 数据核字 (2019) 第 102085 号

ALDOUS HUXLEY

The Doors of Perception

知觉之门

ZHIJUE ZHIMEN

著　　者 | [英] 阿道司 · 赫胥黎
译　　者 | 庄蝶庵

出 版 人 | 陈　涛
选题策划 | 黄思远
责任编辑 | 徐敏峰　黄思远
封面设计 | 程　慧
内文设计 | 迟　稳
责任印制 | 刘　银　范玉洁

出版发行 | 北京时代华文书局 http://www.bjsdsj.com.cn
北京市东城区安定门外大街 136 号皇城国际大厦 A 座 8 楼
邮编：100011　电话：010 - 64267955　64267677
印　　刷 | 小森印刷（北京）有限公司　010 - 80215073
（如发现印装质量问题，请与印刷厂联系调换）
开　　本 | 787mm×1092mm 1/16　印　　张 | 17　字　　数 | 222 千字
版　　次 | 2020 年 4 月第 1 版　印　　次 | 2020 年 4 月第 1 次印刷
书　　号 | ISBN 978-7-5699-3045-0
定　　价 | 82.00 元（精）